essentials

Essentials liefern aktuelles Wissen in konzentrierter Form. Die Essenz dessen, worauf es als „State-of-the-Art“ in der gegenwärtigen Fachdiskussion oder in der Praxis ankommt. Essentials informieren schnell, unkompliziert und verständlich

- als Einführung in ein aktuelles Thema aus Ihrem Fachgebiet
- als Einstieg in ein für Sie noch unbekanntes Themenfeld
- als Einblick, um zum Thema mitreden zu können.

Die Bücher in elektronischer und gedruckter Form bringen das Expertenwissen von Springer-Fachautoren kompakt zur Darstellung. Sie sind besonders für die Nutzung als eBook auf Tablet-PCs, eBook-Readern und Smartphones geeignet.

Essentials: Wissensbausteine aus den Wirtschafts, Sozial- und Geisteswissenschaften, aus Technik und Naturwissenschaften sowie aus Medizin, Psychologie und Gesundheitsberufen. Von renommierten Autoren aller Springer-Verlagsmarken.

Reiner Thiele

Transmittierender Faraday-Effekt-Stromsensor

Springer Vieweg

Prof. Dr. Reiner Thiele
Zittau
Deutschland

Unter Mitwirkung von
Dipl.-Ing. (FH) Andreas Pohl
Dipl.-Ing. (FH) Jörg Nuckelt M. Sc.
Bernd Schwarz

ISSN 2197-6708 ISSN 2197-6716 (electronic)
essentials
ISBN 978-3-658-09023-4 ISBN 978-3-658-09024-1 (eBook)
DOI 10.1007/978-3-658-09024-1

Die Deutsche Nationalbibliothek verzeichnet diese Publikation in der Deutschen Nationalbibliografie; detaillierte bibliografische Daten sind im Internet über http://dnb.d-nb.de abrufbar.

Springer Vieweg

Gedruckt auf säurefreiem und chlorfrei gebleichtem Papier

Springer Fachmedien Wiesbaden ist Teil der Fachverlagsgruppe Springer Science+Business Media (www.springer.com)

Was Sie in diesem Essential finden können

- Applikation des Jones-Kalküls zur mathematischen Beschreibung der Sensorfunktion
- Dimensionierungsbedingungen für die Signalverarbeitungseinheit
- Diskussion des Einflusses fremder Magnetfelder
- MATLAB-Programm zur vollständigen Sensor-Dimensionierung
- Dimensionierungsbeispiel

Vorwort

Das vorgelegte Werk beinhaltet theoretische und praktische Untersuchungen zu einer erfindungsgemäßen Schaltungsanordnung zur Messung elektrischer Ströme mit Hilfe des Faraday-Effektes zur Polarisations-Ebenen-Drehung linear polarisierten Lichtes in Lichtwellenleitern, verursacht durch das vom elektrischen Strom herrührende Magnetfeld. Die Grundlage hierzu bildet das aus der Optik bekannte Transmissionsprinzip für Licht als elektromagnetische Welle.

Dazu erfolgt nach der Einleitung im nachfolgenden Kapitel eine umfassende Beschreibung der Erfindung. Herausgestellt werden dazu die Nachteile bekannter Lösungen, das Neue und der Kern der Erfindung. Weiterhin finden Sie ein Dimensionierungsbeispiel für den Stromsensor auf der Grundlage von Tabellen oder eines Programms in MATLAB®. Im abschließenden Kapitel werden die erzielten Ergebnisse zusammengefasst.

Der Autor sucht potenzielle Applikatoren für diese erfindungsgemäße Schaltungsanordnung.

Inhaltsverzeichnis

1 Einleitung

Die Messung von hohen elektrischen Strömen ohne Eingriff in den Messgrößenkreis stellt ein grundsätzliches Problem der elektrischen Energietechnik dar.

Dieses Problem wird hier durch die Applikation des Faraday-Effektes zur Polarisations-Ebenen-Drehung linear polarisierten Lichtes in Lichtwellenleitern, induziert durch das den stromführenden elektrischen Leiter umgebende Magnetfeld, gelöst.

Eine in Transmission arbeitende erfindungsgemäße Schaltungsanordnung aus optischen und elektronischen Komponenten stellt dabei den gewünschten linearen Zusammenhang zwischen Messgröße und Messwert bei Elimination der störenden Doppelbrechung der Lichtwellenleiter her, die sich ansonsten vermindernd auf die Effizienz des Faraday-Effektes auswirkt.

Es gelten die folgenden 5 Kernaussagen, die den Praxisnutzen deutlich machen:

- Messung hoher elektrischer Ströme ohne Eingriff in den Messgrößenkreis,
- Messung von Strömen beliebigen zeitlichen Verlaufes, insbesondere von Gleich- und Wechselströmen,
- Potentialgetrennte Messung der Ströme durch die Applikation von Lichtwellenleitern,
- Linearer Zusammenhang zwischen Messgröße und Messwert,
- Messung des Anteils vieler Unter- und Oberschwingungen im Stromverlauf gegenüber 50 Hz.

R. Thiele, *Transmittierender Faraday-Effekt-Stromsensor,* essentials,
DOI 10.1007/978-3-658-09024-1_1

2 Beschreibung der Erfindung

Diese Beschreibung charakterisiert die Eigenschaften der Erfindung bezüglich des gelösten technischen Problems und den Fortschritt gegenüber dem Stand der Technik.

2.1 Durch die Erfindung gelöstes technische Problem

Zur Messung elektrischer Ströme mit Hilfe faseroptischer Sensoren wurden vom Autor schon einige grundsätzliche Lösungen erfindungsgemäß beschrieben. Diese Schaltungsanordnungen beruhten auf dem Kompensationsprinzip zur Elimination der störenden Doppelbrechung handelsüblicher Lichtwellenleiter (LWL). Unter Verwendung der z-Komponenten-Übertragungsfunktionen erfolgte der Nachweis der Messgröße in Form des elektrischen Stromes i mit Hilfe des Faraday-Effektes. Dabei entstand gegenüber den Lösungen in der Literatur eine einfach zu realisierende skalare Kompensationsbedingung für den Doppelbrechungsparameter δ. Nachteilig daran war, dass der faseroptische Stromsensor mit einer Laserdiode schräg angeregt werden muss, um die z-Komponente der jeweiligen Feldgröße für Licht als elektromagnetische Welle am Eingang zu erhalten und dass am Ausgang zur Gewinnung der z-Komponente ein z-Komponenten-Analysator (ZKA) mit einer Ringphotodiode benötigt wurde.

R. Thiele, *Transmittierender Faraday-Effekt-Stromsensor,* essentials,
DOI 10.1007/978-3-658-09024-1_2

2.2 Bisherige Lösungen und Stand der Technik

Das geschilderte Problem wurde bisher durch parallele Anregung und parallelen Empfang gelöst.

2.3 Nachteile der bekannten Lösungen

Ein erster Nachteil der bekannten Lösungen besteht darin, dass die Doppelbrechung Δn_0 im Messwert als elektrischer Strom i_0 enthalten ist und somit nicht kompensiert wird. Würde man die in der Literatur beschriebenen Schaltungsanordnungen einfach parallel anregen und einen parallelen Empfang realisieren, so entstünden 4 Kompensationsvorschriften für die 4 Matrizenelemente der Jones-Matrix, die als zweiter Nachteil schwer zu realisieren sind.

2.4 Aufgabe der Erfindung

Der vorgelegten Erfindung liegt die Aufgabe zugrunde, alle Vorteile aus der Literatur beizubehalten und die Nachteile „Matrizenkompensationsbedingung" und Verwendung nicht handelsüblicher Baugruppen für die schräge Anregung und für die Ringphotodiode grundsätzlich zu vermeiden.

2.5 Lösung der Aufgabe durch die Erfindung

Erfindungsgemäß wird diese Aufgabe durch parallele Anregung und parallelen Empfang sowie Ausblendung von 3 Matrizenelementen der Jones-Matrix mit Hilfe geeigneter Polarisatoren realisiert, so dass für das 4. Matrizenelement der resultierenden Jones-Matrix eine skalare Kompensationsbedingung für den Doppelbrechungsparameter δ übrig bleibt.

2.6 Neues und Kern der Erfindung

Das wesentlich Neue und der Kern der Erfindung sind darin zu sehen, dass alle Vorteile aus der Literatur beibehalten und die Nachteile, die Verwendung von Baugruppen zur schrägen Anregung und den Einsatz einer Ringphotodiode betreffend, vermieden werden.

2.7 Wesentliche und zusätzliche Vorteile der Erfindung

Die zusätzlichen Vorteile der vorgelegten Erfindung sind

- einfacher Abgleich des Stromsensors mit einem einstellbaren Polarisator,
- kleiner messgrößenproportionaler Messwert i_0 durch Verwendung unterschiedlicher Windungszahlen für die LWL-Spulen und die elektrischen Spulen,
- vereinfachter Aufbau der Signalverarbeitungseinheit des Stromsensors gegenüber den Lösungen aus der Literatur und damit insgesamt
- geringere Kosten gegenüber den Lösungen aus der Literatur.

2.8 Erläuterung der Erfindung

2.8.1 Grundlagen

Zur Analyse der erfindungsgemäßen Schaltungsanordnung nach Abb. 2.1 setzen wir voraus, dass die Laserdiode am Tor 1 ein Verschiebungsflussdichte-Sendesignal $\begin{pmatrix} D_{xin} \\ D_{yin} \end{pmatrix}$ mit $D_{xin} \neq 0$ erzeugt. Der faseroptische Isolator lässt das Licht nur in Pfeilrichtung durch und vermeidet so, dass reflektiertes Licht aus dem Inneren des Stromsensors die Laserdiode beschädigt. Es gilt am Tor 2:

$$\begin{pmatrix} D_{x2} \\ D_{y2} \end{pmatrix} = \begin{pmatrix} D_{xin} \\ D_{yin} \end{pmatrix}. \tag{2.1}$$

Der variable Polarisator 1 besitzt die Jones-Matrix

$$\underline{P}_1 = \begin{pmatrix} \cos^2\Theta & \cos\Theta\sin\Theta \\ \cos\Theta\sin\Theta & \sin^2\Theta \end{pmatrix}. \tag{2.2}$$

Der Erhebungswinkel Θ in (2.2) wird gegenüber der Jones-Matrix $\underline{P}_2$ des festen Polarisators 2 so eingestellt, dass Polarisator 1 und Polarisator 2 jeweils unterschiedliche Polarisationsmoden durchlassen. Eine einfache Lösung ist dann mit $\Theta = 0$ durch

$$\underline{P}_1 = \begin{pmatrix} 1 & 0 \\ 0 & 0 \end{pmatrix}, \quad \underline{P}_2 = \begin{pmatrix} 0 & 0 \\ 0 & 1 \end{pmatrix} \tag{2.3}$$

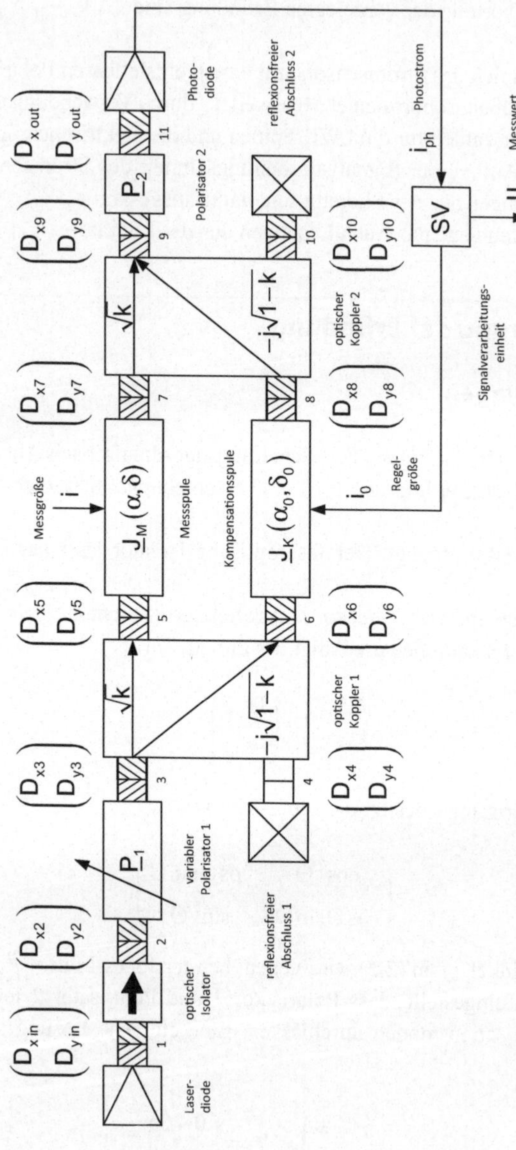

Abb. 2.1 Transmittierender Faraday-Effekt-Stromsensor

gegeben.

Damit erhält man am Tor 3:

$$\begin{pmatrix} D_{x3} \\ D_{y3} \end{pmatrix} = \underline{P}_1 \begin{pmatrix} D_{x2} \\ D_{y2} \end{pmatrix} = \begin{pmatrix} 1 & 0 \\ 0 & 0 \end{pmatrix} \begin{pmatrix} D_{xin} \\ D_{yin} \end{pmatrix}. \tag{2.4}$$

Der optische Koppler 1 nimmt mit dem Koppelfaktor k handelsüblicher Bauelemente eine Aufspaltung des Signals am Tor 3 in die Signale am Tor 5 und 6 gemäß (2.5) vor.

$$\begin{aligned} \begin{pmatrix} D_{x5} \\ D_{y5} \end{pmatrix} &= \sqrt{k} \begin{pmatrix} D_{x3} \\ D_{y3} \end{pmatrix} = \sqrt{k} \begin{pmatrix} 1 & 0 \\ 0 & 0 \end{pmatrix} \begin{pmatrix} D_{xin} \\ D_{yin} \end{pmatrix}, \\ \begin{pmatrix} D_{x6} \\ D_{y6} \end{pmatrix} &= -j\sqrt{1-k} \begin{pmatrix} D_{x3} \\ D_{y3} \end{pmatrix} = -j\sqrt{1-k} \begin{pmatrix} 1 & 0 \\ 0 & 0 \end{pmatrix} \begin{pmatrix} D_{xin} \\ D_{yin} \end{pmatrix} \end{aligned} \tag{2.5}$$

Die Jones-Matrizen $\underline{J}_M(\alpha, \delta)$ der Messspule und $\underline{J}_K(\alpha_o, \delta_o)$ der Kompensationsspule lauten

$$\underline{J}_M(\alpha, \delta) = \begin{pmatrix} a + jb & -e \\ e & a - jb \end{pmatrix} \tag{2.6}$$

mit

$$\begin{aligned} &a = \cos\left(\frac{d}{2}\right), \quad b = \frac{\delta}{2} \frac{\sin(d/2)}{d/2}, \quad e = \alpha \frac{\sin(d/2)}{d/2}, \\ &d = \sqrt{\delta^2 + 4\alpha^2}, \quad \delta = \frac{\omega}{c} \Delta n L, \end{aligned} \tag{2.7}$$

$$\underline{J}_K(\alpha_o, \delta_o) = \begin{pmatrix} a_o + jb_o & -e_o \\ e_o & a_o - jb_o \end{pmatrix} \tag{2.8}$$

mit

$$\begin{aligned} &a_o = \cos\left(\frac{d_o}{2}\right), \quad b_o = \frac{\delta_o}{2} \frac{\sin(d_o/2)}{d_o/2}, \quad e_o = \alpha_o \frac{\sin(d_o/2)}{d_o/2}, \\ &d_o = \sqrt{\delta_o^2 + 4\alpha_o^2}, \quad \delta_o = \frac{\omega}{c} \Delta n_o L_o. \end{aligned} \tag{2.9}$$

In (2.7) und (2.9) bedeuten:

$\alpha = VNi$, $\alpha_o = VN_o i_o$ Faraday- Winkel für Mess-, Kompensationsspule (2.10)

mit

V	Verdet-Konstante,
N, N_o	Windungszahlen von LWL-Mess- und Kompensationsspule,
i	elektrischer Strom (Messgröße),
i_o	elektrischer Strom (Regelgröße),
δ, δ_o	Doppelbrechungsparameter der Lichtwellenleiter,
$\Delta n = \lvert n_y - n_x \rvert$, $\Delta n_o = \lvert n_{yo} - n_{xo} \rvert$	Doppelbrechungen mit den Hauptbrechzahlen n_y, n_x, n_{yo}, n_{xo} der Lichtwellenleiter,
L, L_o	vorläufige Länge der LWL-Mess- und Kompensationsspule,
ω	Kreisfrequenz des Lichtes der anregenden Laserdiode,
c	Lichtgeschwindigkeit im Vakuum.

Mit (2.6) bis (2.10) ergibt sich für die Verschiebungsflussdichte-Signale an Tor 7 und 8 bei Berücksichtigung von (2.5):

$$\begin{pmatrix} D_{x7} \\ D_{y7} \end{pmatrix} = \underline{J}_M(\alpha, \delta) \begin{pmatrix} D_{x5} \\ D_{y5} \end{pmatrix} = \sqrt{k} \begin{pmatrix} a + jb \\ e \end{pmatrix} D_{xin},$$
$$\begin{pmatrix} D_{x8} \\ D_{y8} \end{pmatrix} = \underline{J}_K(\alpha_o, \delta_o) \begin{pmatrix} D_{x6} \\ D_{y6} \end{pmatrix} = -j\sqrt{1-k} \begin{pmatrix} a_o + jb_o \\ e_o \end{pmatrix} D_{xin}. \quad (2.11)$$

Am Tor 9 des optischen Kopplers 2 erhalten wir

$$\begin{pmatrix} D_{x9} \\ D_{y9} \end{pmatrix} = \sqrt{k} \begin{pmatrix} D_{x7} \\ D_{y7} \end{pmatrix} - j\sqrt{1-k} \begin{pmatrix} D_{x8} \\ D_{y8} \end{pmatrix}, \quad (2.12)$$

und weiter ergibt sich aus (2.12) mit (2.11):

$$\begin{pmatrix} D_{x9} \\ D_{y9} \end{pmatrix} = \left[k \begin{pmatrix} a + jb \\ e \end{pmatrix} - (1-k) \begin{pmatrix} a_o + jb_o \\ e_o \end{pmatrix} \right] D_{xin}. \quad (2.13)$$

Des Weiteren gilt mit (2.3) und (2.13) für das Verschiebungsflussdichte-Ausgangssignal

$$\begin{pmatrix} D_{xout} \\ D_{yout} \end{pmatrix} = \underline{P}_2 \begin{pmatrix} D_{x9} \\ D_{y9} \end{pmatrix} = \begin{pmatrix} 0 & 0 \\ 0 & 1 \end{pmatrix} \left[k \begin{pmatrix} a + jb \\ e \end{pmatrix} - (1-k) \begin{pmatrix} a_o + jb_o \\ e_o \end{pmatrix} \right] D_{xin},$$

$$\begin{pmatrix} D_{xout} \\ D_{yout} \end{pmatrix} = \begin{pmatrix} 0 \\ k\,e - (1-k)\,e_o \end{pmatrix} D_{xin}. \tag{2.14}$$

Somit erhalten Sie als nichtverschwindende Komponente des optischen Ausgangssignals

$$D_{yout} = [k\,e - (1-k)e_o]\, D_{xin}. \tag{2.15}$$

Aus (2.15) wird mit

$$P_{yout} = \left|D_{yout}\right|^2 \zeta$$

und (2.16)

$$P_{xin} = \left|D_{xin}\right|^2 \zeta$$

die Leistungsübertragungsgleichung des erfindungsgemäßen faseroptischen Stromsensors in der Form

$$P_{yout} = [ke - (1-k)\,e_o]^2\, P_{xin}, \tag{2.17}$$

wobei bedeuten:

P_{xin} optische Leistung der x-Komponente des Sendesignals,
P_{yout} optische Leistung der y-Komponente des Ausgangssignals,
ζ Proportionalitätsfaktor.

Mit der Photoempfindlichkeit S_E der Photodiode erhalten Sie schließlich den Photostrom i_{ph} in der Form

$$i_{ph} = S_E P_{yout} = [ke - (1-k)e_o]^2\, S_E\, P_{xin}. \tag{2.18}$$

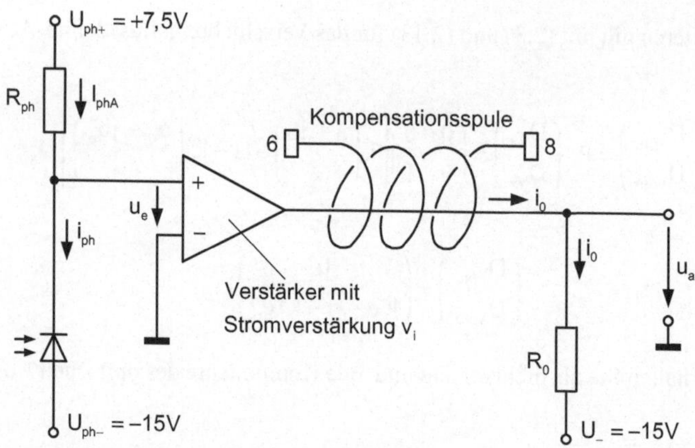

Abb. 2.2 Signalverarbeitungseinheit für den transmittierenden Faraday-Effekt-Stromsensor

2.8.2 Signalverarbeitung

In Abb. 2.2 ist die Signalverarbeitungseinheit für den transmittierenden Faraday-Effekt-Stromsensor dargestellt.

Daraus folgt unter der Voraussetzung, dass der Verstärker als Eingangsstufe einen Operationsverstärker enthält, die Konstanzbedingung für den Photostrom

$$i_{ph} = I_{ph_A} = \frac{U_{ph+}}{R_{ph}} = \text{const.} \tag{2.19}$$

Weiterhin soll die Laserdiode in Abb. 2.1 amplitudenstabilisiert sein, so dass gilt:

$$P_{xin} = \text{const.} \tag{2.20}$$

Aus (2.18) und (2.19) erhalten Sie:

$$I_{phA} = [ke - (1-k)\, e_o]^2\, S_E\, P_{xin}. \tag{2.21}$$

Die Auflösung von (2.21) nach e_o ergibt:

$$e_o = \frac{k}{1-k}\, e \pm \underbrace{\sqrt{\frac{I_{phA}}{(1-k)^2\, S_E\, P_{xin}}}}_{=e_{oA}}. \tag{2.22}$$

In (2.22) stellt e_{oA} den Wert von e_o im Arbeitspunkt dar, so dass mit (2.7) und (2.10) gilt:

$$i = 0 \rightarrow \alpha = 0 \rightarrow e = 0, \tag{2.23}$$

$$\rightarrow e_o = \underbrace{\frac{k}{1-k}}_{=0} e + e_{oA} = e_{oA}. \tag{2.24}$$

Dabei erhalten Sie für e_{oA} mit (2.9) und (2.10):

$$e_{oA} = V N_o I_{oA} \frac{\sin\left(\frac{1}{2}\sqrt{\delta_o^2 + 4V^2 N_o^2 I_{oA}^2}\right)}{\frac{1}{2}\sqrt{\delta_o^2 + 4V^2 N_o^2 I_{oA}^2}}. \tag{2.25}$$

In (2.25) stellt I_{oA} den Wert der Regelgröße i_o im Arbeitspunkt dar.

Allgemein gilt also:

$$e_o = \frac{k}{1-k} e + e_{oA}. \tag{2.26}$$

Mit (2.19), (2.22) und (2.25) erhalten Sie als Dimensionierungsbedingung für den Widerstand R_{ph}:

$$R_{ph} = \frac{U_{ph+}}{I_{ph_A}} \text{ mit} \tag{2.27}$$

$$I_{phA} = \frac{(1-k)^2 S_E P_{xin} 4 V^2 N_o^2 I_{oA}^2 \sin^2\left(\frac{1}{2}\sqrt{\delta_o^2 + 4 V^2 N_o^2 I_{oA}^2}\right)}{\delta_o^2 + 4 V^2 N_o^2 I_{oA}^2} \tag{2.28}$$

Aus Abb. 2.2 folgt für die Ausgangsspannung u_a:

$$u_a = R_o i_o + U_{-}. \tag{2.29}$$

Der Widerstand R_o wird nun so dimensioniert, dass die Ausgangsspannung im Arbeitspunkt U_{oA} gleich Null ist.

Mit

$$U_{oA} = R_o I_{oA} + U_- = 0 \tag{2.30}$$

folgt die Dimensionierungsbedingung

$$R_o = -\frac{U_-}{I_{oA}}. \tag{2.31}$$

Das elektrische Netzwerk in Abb. 2.2 kann mit der Bedingung für die Sperrspannung an der Photodiode, d. h.

$$U_- = U_{ph-} = -15\,\text{V} \ll 0 \tag{2.32}$$

als linear angesehen werden, wenn man die Gleichspannungsquellen mit U_-, U_{ph-} und U_{ph+} nach Abb. 2.2 aus diesen Netzwerk herauszieht und außen anschaltet. Somit gilt der Ansatz für die Regelgröße i_o in der Form

$$i_o = i_{o\sim} + I_{oA}. \tag{2.33}$$

Dabei kennzeichnet $i_{o\sim}$ den „Wechselanteil" von i_o, der im Entartungsfall auch ein Gleichstromanteil sein kann, wenn man von der Kosinusfunktion mit der Kreisfrequenz $\omega_m = 0$ des Messgrößensignals ausgeht. Für das nichtlineare optische Netzwerk des faseroptischen Stromsensors bezüglich α und α_o folgt aus (2.26) mit (2.7), (2.9), (2.10), und (2.25) die Gleichung (2.34).

$$\underbrace{VN_o i_o \frac{\sin\left(\frac{1}{2}\sqrt{\delta_o^2 + 4V^2N_o^2 i_o^2}\right)}{\frac{1}{2}\sqrt{\delta_o^2 + 4V^2N_o^2 i_o^2}}}_{=e_o}$$

$$= \frac{k}{1-k} \underbrace{VNi \frac{\sin\left(\frac{1}{2}\sqrt{\delta^2 + 4V^2N^2 i^2}\right)}{\frac{1}{2}\sqrt{\delta^2 + 4V^2N^2 i^2}}}_{=e} + \underbrace{VN_o I_{oA} \frac{\sin\left(\frac{1}{2}\sqrt{\delta_o^2 + 4V^2N_o^2 I_{oA}^2}\right)}{\frac{1}{2}\sqrt{\delta_o^2 + 4V^2N_o^2 I_{oA}^2}}}_{=e_{oA}} \tag{2.34}$$

Bezug nehmend auf (2.26) und (2.34) ist die Darstellung

$$e_o = e_{o\sim} + e_{oA} \tag{2.35}$$

mit

$$e_{o\sim} = V N_o i_{o\sim} \frac{\sin\left(\frac{1}{2}\sqrt{\delta_o^2 + 4V^2 N_o^2 i_{o\sim}^2}\right)}{\frac{1}{2}\sqrt{\delta_o^2 + 4V^2 N_o^2 i_{o\sim}^2}} \tag{2.36}$$

als Ansatz zur Bestimmung des „Wechselanteils" $i_{o\sim}$ der Regelgröße i_o möglich.

Aus (2.33) folgt mit $I_{oA} = 0$:

$$i_o = i_{o\sim} \Big|_{I_{oA} = 0}. \tag{2.37}$$

Dann erhalten Sie aus (2.26), (2.34), (2.36) und (2.37) mit $e_{o\sim} = \frac{k}{1-k} e$:

$$V N_o i_{o\sim} \frac{\sin\left(\frac{1}{2}\sqrt{\delta_o^2 + 4V^2 N_o^2 i_{o\sim}^2}\right)}{\frac{1}{2}\sqrt{\delta_o^2 + 4V^2 N_o^2 i_{o\sim}^2}} = \frac{k}{1-k} V N i \frac{\sin\left(\frac{1}{2}\sqrt{\delta^2 + 4V^2 N^2 i^2}\right)}{\frac{1}{2}\sqrt{\delta^2 + 4V^2 N^2 i^2}} \tag{2.38}$$

Mit den Dimensionierungsbedingungen

$$\frac{k}{1-k} = 1 \quad \rightarrow \quad \underline{\underline{k = \frac{1}{2}}} \tag{2.39}$$

und

$$\delta_o = \delta \quad \rightarrow \quad \Delta n_o L_o = \Delta n L \quad \rightarrow \quad \underline{\underline{\frac{L_o}{L} = \frac{\Delta n}{\Delta n_o}}} \tag{2.40}$$

folgt aus (2.38):

$$V N_o i_{o\sim} = V N i$$

$$\rightarrow \quad i_{o\sim} = \frac{N}{N_o} i. \tag{2.41}$$

Einsetzen von $i_{o\sim}$ nach (2.41) in (2.33) liefert dann

$$i_o = \frac{N}{N_o} i + I_{oA}. \tag{2.42}$$

Schließlich ergibt sich die Ausgangsspannung u_a aus (2.29), (2.31) und (2.42) in der Form

$$u_a = R_o \frac{N}{N_o} i + \underbrace{R_o I_{oA}}_{=-U_-} + U_-$$

$$\rightarrow \quad u_a = R_o \frac{N}{N_o} i. \tag{2.43}$$

2.8.3 Einfluss fremder Magnetfelder

Zur Untersuchung des Einflusses fremder Magnetfelder auf den Faraday-Winkel betrachten wir Abb. 2.3.

Um den elektrischen Leiter 2 mit dem elektrischen Strom i_2 sei eine LWL-Spule mit dem konstanten Spulenradius R_2 und der Windungszahl N_2 gewickelt. Der elektrische Strom i_1 des elektrischen Leiters 1 verursacht im Punkt P im Abstand R_1 zum Leiter 1 ein zusätzliches Magnetfeld $\vec{H}_1$ mit der Richtung von $\vec{e}_{\beta 1}$ als Einheitsvektor der magnetischen Feldstärke $\vec{H}_1$. Das Magnetfeld mit der magnetischen Feldstärke $\vec{H}_2$ herrührend vom Strom i_2, hat im Punkt P die Richtung des zugehörigen Einheitsvektors $\vec{e}_{\beta 2}$.

Um die folgenden Herleitungen ohne Einschränkung der Allgemeingültigkeit einfach zu gestalten, sollen die beiden elektrischen Leiter den konstanten Abstand d besitzen und parallel in die Zeichenebene hinein geführt sein. Der Einheitsvektor $\vec{e}_{R2}$ sei parallel zu der Geraden gerichtet, die als Verbindungslinie zwischen dem elektrischen Leiter 2 und dem Punkt P mit dem Radius R_2 eingezeichnet ist. Das gesamte magnetische Feld im Punkt P mit der magnetischen Feldstärke $\vec{H}$, ergibt

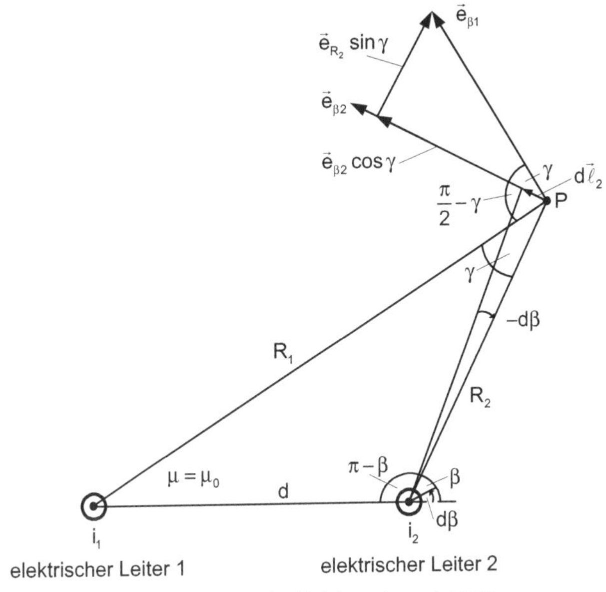

Abb. 2.3 Zum Einfluss fremder Magnetfelder

sich nun für die Anordnung in Luft nach Abb. 2.3 aus dem Überlagerungssatz[1] in der Form

$$\vec{H} = \vec{H}_1 + \vec{H}_2, \tag{2.44}$$

$$\vec{H} = \underbrace{\frac{i_1}{2\pi R_1}\vec{e}_{\beta 1}}_{=\vec{H}_1} + \underbrace{\frac{i_2}{2\pi R_2}\vec{e}_{\beta 2}}_{=\vec{H}_2}. \tag{2.45}$$

[1] Anmerkung: Formal wäre auch der Überlagerungssatz für die Induktionen $\vec{B} = \vec{B}_1 + \vec{B}_2$ denkbar. Dazu muss man (2.44) für die Anordnung nach Bild 3 mit der Induktionskonstanten $\mu = \mu_0$ multiplizieren.

Der Faraday-Winkel α_2 für die Polarisations-Ebenen-Drehung im LWL bei linear polarisiertem Eingangslicht ergibt sich gemäß dem Faraday-Effekt[2] zunächst aus (2.46).

$$\alpha_2 = VN_2 \oint_{2\pi R_2} \vec{H} \cdot d\vec{\ell}_2 \tag{2.46}$$

In (2.46) bedeuten:

V	Verdet-Konstante
$2\pi R_2$	Länge einer Windung der LWL-Spule mit dem Radius R_2
$d\vec{\ell}_2 = \underbrace{-R_2 d\beta}_{=d\ell} \vec{e}_{\beta 2}$	differenzielles Linienelement in Längsrichtung des LWL
$d\beta$	differenzielles Winkelelement (Abb. 2.3)
N_2	Windungszahl der LWL-Spule
$\vec{H}$	gemäß (2.45)

Es wird nun behauptet, dass fremde Magnetfelder, hier mit der magnetischen Feldstärke $\vec{H}_1$, keinen Einfluss auf den Faraday-Winkel α_2 haben, so dass gilt:

$$\alpha_2 = VN_2 \oint_{2\pi R_2} \vec{H}_2 \cdot d\vec{\ell}_2 = VN_2 i_2. \tag{2.47}$$

Diese Behauptung wird durch das Durchflutungsgesetz der Elektrotechnik in der Form

$$\oint_{2\pi R_2} \vec{H}_2 \cdot d\vec{\ell}_2 = i_2 \tag{2.48}$$

gestützt.

Zum Beweis gehen wir von (2.45) sowie (2.46) aus und formulieren R_1 und $\vec{e}_{\beta 1}$ als Funktionen des Winkels β mit $0 \leq \beta \leq \pi$[3].

Aus dem Kosinussatz, angewandt auf Abb. 2.3, folgt

$$R_1^2 = R_2^2 + d^2 - 2R_2 d\cos(\pi - \beta)$$

[2] Anmerkung: Formal wäre für unsere Anordnung auch eine Formulierung des Faraday-Effektes gemäß $\alpha_2 = \tilde{V}N_2 \oint_{2\pi R_2} \vec{B} \cdot d\vec{\ell}_2$ mit $\tilde{V} = \dfrac{V}{\mu_o}$ möglich.

[3] Für den Winkel β darf nur der Bereich $0 \leq \beta \leq \pi$ benutzt werden, weil die später benötigten Skalarprodukte nur in diesem Winkelbereich definiert sind. Der Winkel γ durchläuft dann ebenfalls den Bereich $0 \leq \gamma \leq \pi$.

$$\text{mit } \cos(\pi - \beta) = -\cos\beta.$$

Damit ergibt sich

$$R_1 = R_2 \sqrt{1 + \left(\frac{d}{R_2}\right)^2 + 2\frac{d}{R_2}\cos\beta}. \tag{2.49}$$

Ebenfalls aus Abb. 2.3 erhalten Sie

$$\vec{e}_{\beta 1} = \vec{e}_{\beta 2} \cos\gamma + \vec{e}_{R2} \sin\gamma. \tag{2.50}$$

Wiederum aus dem Kosinussatz folgt

$$d^2 = R_1^2 + R_2^2 - 2R_1 R_2 \cos\gamma.$$

Dann gilt durch Umstellung

$$\cos\gamma = \frac{R_1}{2R_2} + \frac{R_2}{2R_1}\left[1 - \left(\frac{d}{R_2}\right)^2\right]. \tag{2.51}$$

Gleichung (2.51) wird in (2.50) eingesetzt und ergibt:

$$\vec{e}_{\beta 1} = \vec{e}_{\beta 2}\left[\frac{R_1}{2R_2} + \frac{R_2}{2R_1}\left[1 - \left(\frac{d}{R_2}\right)^2\right] + \vec{e}_{R2} \sin\gamma\right]. \tag{2.52}$$

Einsetzen von (2.52) in (2.45) liefert:

$$\vec{H} = \left\{\frac{i_2}{2\pi R_2} + \frac{i_1}{4\pi R_2}\left[1 + \left(\frac{R_2}{R_1}\right)^2\left[1 - \left(\frac{d}{R_2}\right)^2\right]\right]\right\}\vec{e}_{\beta 2} + \frac{i_1}{2\pi R_1} \sin\gamma\, \vec{e}_{R2}. \tag{2.53}$$

Für das Umlaufintegral in (2.46) folgt mit (2.53) zunächst

$$\oint_{2\pi R_2} \vec{H}\cdot d\vec{\ell}_2 = \int_0^{2\pi R_2} \frac{i_2}{2\pi R_2} \underbrace{\vec{e}_{\beta 2}\cdot d\vec{\ell}_2}_{=d\ell_2} + \int_0^{2\pi R_2} \frac{i_1}{4\pi R_2} \underbrace{\vec{e}_{\beta 2}\cdot d\vec{\ell}_2}_{=d\ell_2}$$

$$+2\int_0^{\pi} \frac{i_1}{4\pi R_2}\left(\frac{R_2}{R_1}\right)^2\left[1-\left(\frac{d}{R_2}\right)^2\right] R_2 \underbrace{\vec{e}_{\beta 2}\cdot \vec{e}_{\beta 2}}_{=1} d\beta$$

$$\underbrace{+\int_0^{2\pi R_2} \frac{i_1}{2\pi R_1} \sin\gamma\, \underbrace{\vec{e}_{R2}\cdot d\vec{\ell}_2}_{=0}}_{=0}$$

$$\oint_{2\pi R_2} \vec{H}\cdot d\vec{\ell}_2 = \int_0^{2\pi R_2} \frac{i_2}{2\pi R_2} d\ell_2 + \int_0^{2\pi R_2} \frac{i_1}{4\pi R_2} d\ell_2$$

$$\underbrace{+\int_0^{\pi} \frac{i_1}{2\pi R_2}\left(\frac{R_2}{R_1}\right)^2\left[1-\left(\frac{d}{R_2}\right)^2\right] R_2\, d\beta}_{=\frac{i_1}{2\pi}\left[1-\left(\frac{d}{R_2}\right)^2\right]\int_0^{\pi}\left(\frac{R_2}{R_1}\right)^2 d\beta.} \tag{2.54}$$

Dabei wurde in (2.54) im Integral über dβ die Symmetrieeigenschaft des Magnetfeldes für die Stellung der Einheitsvektoren $\vec{e}_{\beta 1}$ und $\vec{e}_{\beta 2}$ zueinander entsprechend der Winkelbereiche $0 \le \beta \le \pi$ und $\pi \le \beta \le 2\pi$ ausgenutzt.

Im Wesentlichen verbleibt die Lösung des folgenden Integrals mit R_1 nach (2.49).

$$\int_0^{\pi}\left(\frac{R_2}{R_1}\right)^2 d\beta = \int_0^{\pi} \frac{d\beta}{1+\left(\frac{d}{R_2}\right)^2 + 2\frac{d}{R_2}\cos\beta} \tag{2.55}$$

Dieses Integral hat folgende Lösung (Papula, Formelsammlung, S. 457, Integral Nr. 245):

$$\int_0^{\pi} \frac{d\beta}{p+q\cos\beta} = \frac{2}{\sqrt{p^2-q^2}} \arctan\left[\frac{(p-q)\tan\left(\frac{\beta}{2}\right)}{\sqrt{p^2-q^2}}\right]\Bigg|_0^{\pi}$$

$$\text{für } p^2 > q^2 \text{ mit} \tag{2.56}$$

$$p = 1 + \left(\frac{d}{R_2}\right)^2 \quad \text{und} \quad q = 2\frac{d}{R_2}. \tag{2.57}$$

Daraus folgen die Bedingungen (2.58) und (2.59) entsprechend der Herleitung:

$$\left[1 + \left(\frac{d}{R_2}\right)^2\right]^2 > 4\left(\frac{d}{R_2}\right)^2$$

$$\rightarrow \left(\frac{d}{R_2}\right)^4 + 2\left(\frac{d}{R_2}\right)^2 + 1 > 4\left(\frac{d}{R^2}\right)^2,$$

$$\rightarrow \left(\frac{d}{R_2}\right)^4 - 2\left(\frac{d}{R_2}\right)^2 + 1 > 0,$$

$$\rightarrow \left[\left(\frac{d}{R_2}\right)^2 - 1\right]^2 > 0(\text{wahr}), \tag{2.58}$$

oder

$$\rightarrow \left[1 - \left(\frac{d}{R_2}\right)^2\right]^2 > 0\ (\text{wahr}). \tag{2.59}$$

Zusätzlich gilt:

$$p > q \quad \text{und} \quad d > R_2. \tag{2.60}$$

Also ergibt sich:

$$\int_0^\pi \frac{d\beta}{p + q\cos\beta} = \frac{2}{\sqrt{p^2 - q^2}} \underbrace{\arctan(\infty)}_{=\frac{\pi}{2}} = \frac{\pi}{\sqrt{p^2 - q^2}} = \frac{\pi}{\left(\frac{d}{R_2}\right)^2 - 1}. \tag{2.61}$$

(2.61) eingesetzt in (2.54) liefert:

$$\oint_{2\pi R_2} \vec{H} \cdot d\vec{\ell} = i_2 + \underbrace{\frac{i_1}{2} - \frac{i_1}{2}}_{=0} = i_2 = \oint_{2\pi R_2} \vec{H}_2 \cdot d\vec{\ell}_2 = \underbrace{\int_0^{2\pi R_2} \frac{i_2}{2\pi R_2} \underbrace{\vec{e}_{\beta 2} \cdot d\vec{\ell}_2}_{=d\ell_2}}_{=i_2} \quad (2.62)$$

Somit gilt (2.47) und fremde Magnetfelder haben bei ganzzahligen Windungszahlen keinen Einfluss.

3 Dimensionierungsbeispiel

Ein Beispiel zur Dimensionierung des gesamten Faraday-Effekt-Stromsensors ist in Tab. 3.1 und deren Fortsetzungen abgehandelt. Abbildung 3.1 zeigt dazu die „Elektronik" zwischen der Photodiode am Eingang und der Kompensationsspule im Zweig mit dem Widerstand R_o am Ausgang. Die dimensionierte Signalverarbeitungseinheit enthält Abb. 3.2. Außerdem lernen Sie ein MATLAB-Programm zur computergestützten Dimensionierung kennen.

3.1 Dimensionierung mit Tabellen

An dieser Stelle soll zuerst die Kompensation der Wirkung der Kapazitäten C_{ph} und C_e mittels C_k gemäß Abb. 3.1 erläutert werden.

Zunächst gilt am Summationspunkt des linken Operationsverstärkers nach Abb. 3.1:

$$i_{ph\sim} + \frac{u_e}{R_{ph} \| R_e \| \dfrac{1}{j\omega\left(C_e + C_{ph}\right)}} = \frac{u_{a1} - u_e}{R_k \| \dfrac{1}{j\omega C_k}}. \tag{3.1}$$

Mit

$$u_e = -\frac{u_{a1}}{v_{o1}} \tag{3.2}$$

R. Thiele, *Transmittierender Faraday-Effekt-Stromsensor,* essentials,
DOI 10.1007/978-3-658-09024-1_3

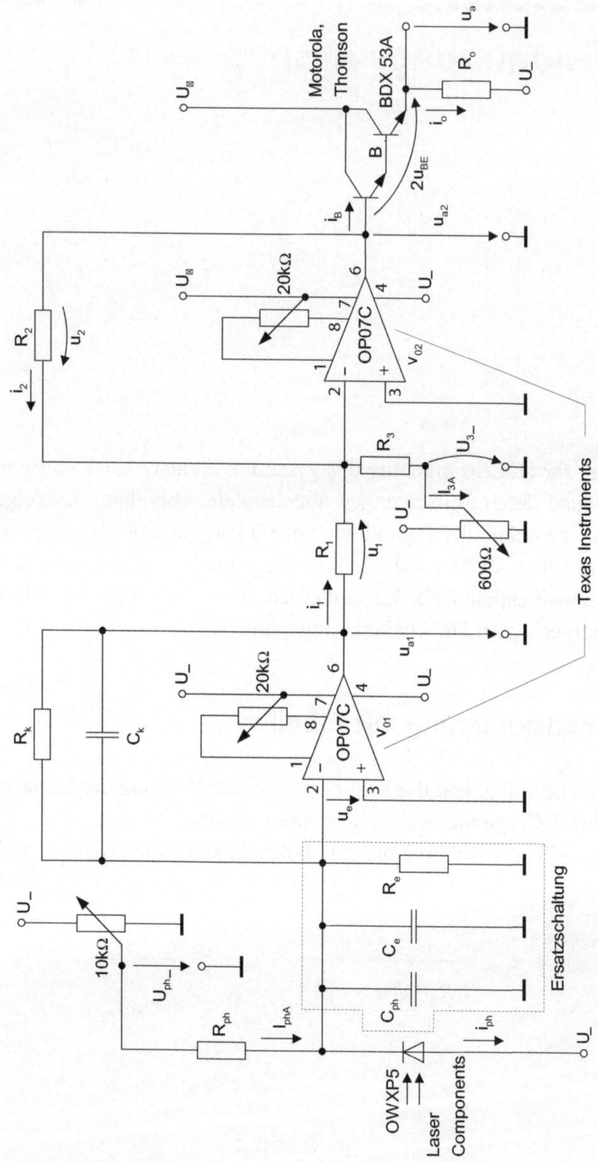

Abb. 3.1 Zum Verstärker-Design

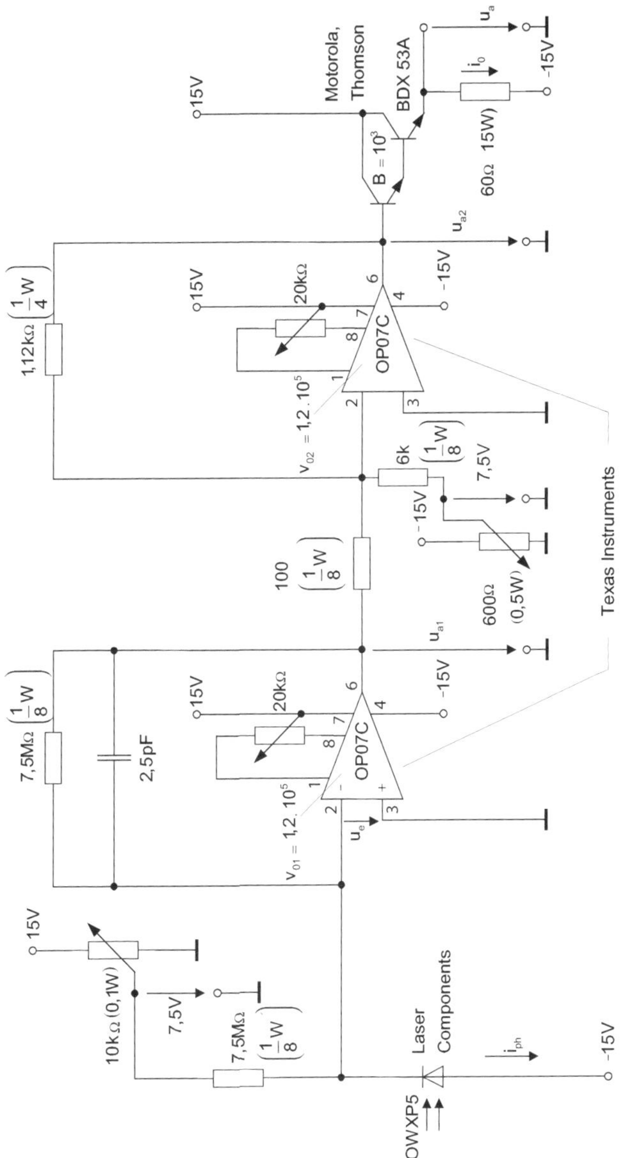

Abb. 3.2 Dimensionierte Schaltung zur Signalverarbeitung

folgt aus Gl. (3.1) durch Umstellung dieser Gleichung:

$$\frac{u_{a1}}{i_{ph\sim}} = \frac{\dfrac{R_{ph} \| R_e \| R_k}{1 + j\omega\left(C_k + C_{ph} + C_e\right) R_{ph} \| R_k \| R_e} v_{o1}}{1 + \dfrac{R_{ph} \| R_e \|}{R_{ph} \| R_e + R_k} \cdot \dfrac{1 + j\omega\, C_k\, R_k}{1 + j\omega\left(C_k + C_{ph} + C_e\right) R_{ph} \| R_k \| R_e} v_{o1}} \tag{3.3}$$

Die Schwingneigung der ersten Stufe der Signalverarbeitungseinheit wird kompensiert für

$$C_k\, R_k = (C_k + C_{ph} + C_e)\, R_{ph} \| R_k \| R_e. \tag{3.4}$$

Somit ergibt sich z. B. für gleiche Widerstände

$$R_k = R_e = R_{ph} \tag{3.5}$$

die Form von (3.3) nach (3.6).

$$\frac{u_{a1}}{i_{ph\sim}} = \frac{R_k}{1 + j\omega\, C_k\, R_k} \cdot \underbrace{\frac{\frac{1}{3} v_{o1}}{1 + \frac{1}{3} v_{o1}}}_{\approx 1\, für\, v_{o1} \gg 1} \tag{3.6}$$

Damit gilt näherungsweise

$$\frac{u_{a1}}{i_{ph\sim}} \approx \frac{R_k}{1 + j\omega\, C_k\, R_k} \tag{3.7}$$

wie in Zeile Nr. 14 der nachfolgenden Tab. 3.1 aufgeführt.

Die dimensionierte Schaltung zur Signalverarbeitung zeigt Abb. 3.2

Tab. 3.1 Dimensionierungsbeispiel

Nr.	Gegeben	Gesucht	Gleichung	Ergebnis
1	$-5^o \le \alpha \le 5^o$ $0^o \le \alpha_o \le 10^o$	α_{oA}	$\alpha_{oA} = \alpha_o - \alpha$	$\alpha_{oA} = 5^o$
2	$-0,5\ kA \le i \le 0,5\ kA$ $0 \le i_o \le 0,5\ A$ $M = 1, \quad M_o = 100$ $V = 3,5 \cdot 10^{-4} \dfrac{Grad}{A}$	$N \quad N_o \quad ü$	$N = \dfrac{\alpha_{\max}}{MV\ i_{\max}} = \dfrac{\alpha_{\min}}{MV\ i_{\min}}$ $N_o = \dfrac{\alpha_{o\max}}{M_o V\ i_{o\max}}$ $ü = \dfrac{NM}{N_o\ M_o}$	$N \approx 30$ $N_o \approx 572$ $ü \approx 5 \cdot 10^{-4}$
3	$R = 0,15\ m \quad N \approx 30$ $R_o = 0,03\ m \quad N_o \approx 572$	$L \quad L_o$	$L = 2\pi RN$ $L_o = 2\pi R_o N_o$	$L \approx 28,3\ m$ $L_o \approx 107,8\ m$
4	$L_1 = L_2 = 112\ m$ $L \approx 28,3\ m \quad L_o \approx 107,8\ m$	$\Delta L \quad \Delta L_o$	$\Delta L = L_1 - L$ $\Delta L_o = L_2 - L_o$	$\Delta L \approx 83,7\ m$ $\Delta L_o \approx 4,2\ m$
5	$\lambda = 1,55\ \mu m$ $L_1 = L_2 = 112\ m$ $\Delta n = \Delta n_o = 10^{-9}$	$\delta, \quad \delta_o$	$\delta = \dfrac{2\pi}{\lambda} \Delta n\ L_1$ $\delta_o = \dfrac{2\pi}{\lambda} \Delta n_o\ L_2$	$\delta = \delta_o \approx 0,45$
6	$\alpha_{oA} = 5^o, \quad N_o = 572$ $M_o = 100$ $V = 3,5 \cdot 10^{-4} \dfrac{Grad}{A}$	I_{oA}	$I_{oA} = \dfrac{\alpha_{oA}}{N_o M_o V}$	$I_{oA} = 0,25A$

Tab. 3.1 (Fortsetzung)

Nr.	Gegeben	Gesucht	Gleichung	Ergebnis
7	$i_{max} = 0,5\ kA$ $i_{omax} = 0,5\ A$ $_{oA} = 0,25\ A$ $\delta = \delta_o = 0,45$ $V = 3,5 \cdot 10^{-4}\ \frac{Grad}{A}$ $N = 30\,,\quad M = 1$ $N_o = 572\,,\quad M_o = 100$	$sp(i_{max})\,,\quad sp(i_{omax})$ $sp(\ _{oA})$	$sp(i_{max}) = \frac{sin\left(\frac{1}{2}\sqrt{\delta^2 + 4V^2\,N^2\,M^2\,i_{max}^2}\right)}{\frac{1}{2}\sqrt{\delta^2 + 4\,V^2\,N^2\,M^2\,i_{max}^2}}$ $sp(i_{omax}) = \frac{sin\left(\frac{1}{2}\sqrt{\delta_o^2 + 4V^2\,N_o^2\,M_o^2\,i_{omax}^2}\right)}{\frac{1}{2}\sqrt{\delta_o^2 + 4V^2\,N_o^2\,M_o^2\,i_{omax}^2}}$ $sp(\ _{oA}) = \frac{sin\left(\frac{1}{2}\sqrt{\delta_o^2 + 4V^2\,N_o^2\,M_o^2\ _{oA}^2}\right)}{\frac{1}{2}\sqrt{\delta_o^2 + 4V^2\,N_o^2\,M_o^2\ _{oA}^2}}$	$sp(i_{\max}) = 0,99 \approx 1$ $sp(i_{o\max}) = 0,99 \approx 1$ $sp(I_{oA}) = 0,99 \approx 1$
8	$k = \frac{1}{2}\quad S_E = 0,5\,\frac{A}{W}$ $P_{xin} = 1\,mW$ $V = 3,5 \cdot 10^{-4}\ \frac{Grad}{A}$ $N_o = 572\quad M_o = 100$	K_{ph}	$K_{ph} = \frac{1}{(1-k)^2 V^2\,N_o^2\,M_o^2\ S_E\,P_{xin}}$	$K_{ph} \approx 6,55 \cdot 10^4\,A$
9	$I_{oA} = 0,25\ A$ $K_{ph} = 6,55 \cdot 10^4\,A$	I_{phA}	$I_{phA} = \frac{I_{oA}^2}{K_{ph}}$	$I_{phA} \approx 1\mu A$

Tab. 3.1 (Fortsetzung)

Nr.	Gegeben	Gesucht	Gleichung	Ergebnis
10	$U_{ph+} = 7{,}5\,V$ $I_{phA} = 1\,\mu A$	R_{ph} $P_{ph\max}$	$R_{ph} = \frac{U_{ph+}}{I_{phA}}, \quad P_{ph\max} \approx R_{ph} I_{phA}^2$	$R_{ph} = 7{,}5\,M\Omega$ $P_{ph\max} = 7{,}5\,\mu W$
11	$U_- = -15\,V$ $U_{aA} = 0, i_{o\max} = 0{,}5\,A$	R_o $P_{o\max}$	$R_o = -\frac{U_-}{I_{oA}}$ $P_{omax} = R_o^2\, i_{omax}$	$R_o = 60\,\Omega$ $P_{o\max} = 15\,W$
12	$U_{R\max} = 30\,V$ $U_{ph-} = -15\,V$	U_R	$U_R < U_{R\max}$	*Wahl* : $U_R = -U_{ph-} = 15\,V$
13	$U_- = -15\,V$ $i_{o\max} = 0{,}5\,A$ $i_{o\min} = 0$ $R_o = 60\,\Omega$	$u_{a\max}$ $u_{a\min}$ U_+	$u_{a\max} < R_o i_{o\max} + U_-$ $u_{a\min} > R_o i_{o\min} + U_-$ $U_+ \approx R_o\, i_{o\max} + U_-$	$u_{a\max} < 15\,V$ $u_{a\min} > -15\,V$ $U_+ \approx 15\,V$
14	$R_{ph} = R_e = 7{,}5\,M\Omega$ $C_{ph} = 0{,}5\,pF \quad C_e = 4{,}5\,pF$ $v_{o1} = 1{,}2 \cdot 10^5$	R_k C_k f_k	$C_k R_k = (C_k + C_{ph} + C_e) R_{ph} \parallel R_e \parallel R_k$ $f_k = \frac{1}{2\pi C_k R_k}$ $\frac{u_{a1}}{i_{ph\sim}} \approx \frac{R_k}{1 + jf/f_k}$	*Wahl* : $R_k = 7{,}5\,M\Omega$ $\rightarrow C_k = 2{,}5\,pF$ $\rightarrow f_k = 8{,}5\,kHz$ $\rightarrow R_k = 7{,}5\,\frac{mV}{nA}$

Tab. 3.1 (Fortsetzung)

Nr.	Gegeben	Gesucht	Gleichung	Ergebnis
15	$U_{2A} = U_{a2A} = 2\,U_{BEA} = 1{,}4\,V$ $I_{oA} = 0{,}25\,A$, $B = 10^3$ $U_{aA} = U_{1A} = U_{a1A} = 0$ $_{1A} = 0$, $U_{3-} = -7{,}5\,V$ $u_{a2max} = 12\,V$	I_{BA}, I_{2A}, R_2, P_{2max} i_{2max}, R_3, P_{3max} $I_{3A\,max}$	$I_{BA} \approx \frac{I_{oA}}{B}$ $I_{2A} = 5\,I_{BA}$ $R_2 = \frac{U_{2A}}{I_{2A}}$, $P_{2max} = R_2\,i_{2max}^2$ $i_{2max} = \frac{u_{a2max}}{R_2}$ $R_3 = -\frac{U_{3-}}{I_{3A}}$, $I_{3A} = I_{2A}$ $P_{3A\,max} = R_3\,I_{3A\,max}^2$, $I_{3A\,max} = -\frac{U-}{R_3}$	$I_{BA} \approx 250\mu A$ $I_{2A} = 1{,}25mA$ $R_2 = 1{,}12k\Omega$ $i_{2\max} = 10{,}7mA$ $P_{2\max} = 128mW$ $R_3 = 6k\Omega$ $I_{3A\max} = 2{,}5mA$, $P_{3\max} = 37{,}5mW$
16	$U_+ = 15\,V$ $U_- = -15\,V$	P_+ P_-	$P_+ = \frac{U_+^2}{10\,k\Omega}$ $P_- = \frac{U_-^2}{600\,\Omega}$	$P_+ = 22{,}5\,mW$ $P_- = 375\,mW$
17	$u_{a2\max} = 12\,V$ $u_{a2\min} = -12\,V$ $2\,U_{BEA} = 1{,}4\,V$	$u_{a\max}$ $u_{a\min}$	$u_{a\max} = u_{a2\max} - 2\,U_{BEA}$ $u_{a\min} = u_{a2\min} - 2\,U_{BEA}$	$u_{a\max} = 10{,}6\,V$ $u_{a\min} = -13{,}4\,V$ *Festsetzung* : $\rightarrow\ -10 \le u_a\,/\,V \le 10$

Tab. 3.1 (Fortsetzung)

Nr.	Gegeben	Gesucht	Gleichung	Ergebnis
18	$u_{a\max} = 10\ V$ $u_{a\min} = -10\ V$ $ü = 5 \cdot 10^{-4}$ $R_o = 60\ \Omega$	$i_{\max}$ $i_{\min}$	$i_{\max} = \frac{u_{a\max}}{ü\ R_o}$ $i_{\min} = \frac{u_{a\min}}{ü\ R_o}$	$i_{\max} = 333\ A$ $i_{\min} = -333\ A$ $\rightarrow -333 \leq i\ /\ A \leq 333$
19	$ü = 5 \cdot 10^{-4}$ $i_{\max} = 333\ A$ $i_{\min} = -333\ A$	$i_{o\sim max}$ $i_{o\sim min}$	$i_{o\sim max} = i_{max}$ $i_{o\sim min} = i_{min}$	$i_{o\sim\max} = 166{,}6\ mA$ $i_{o\sim\min} = -166{,}6\ mA$ $\rightarrow -166{,}6 \leq i_{o\sim}\ /\ mA \leq 166{,}6$
20	$R_1 = 100\ \Omega,\ R_2 = 1{,}12\ k\Omega$ $R_o = 60\ \Omega,\ R_k = 7{,}5\ M\Omega$	v_i	$v_i = -\frac{R_2}{R_1} \frac{R_k}{R_o}$	$v_i = -1{,}4 \cdot 10^6$
21	$v_i = -1{,}4 \cdot 10^6$ $i_{o\sim\max} = 166{,}6\ mA$ $i_{o\sim\min} = -166{,}6\ mA$	$i_{ph\sim\max}$ $i_{ph\sim\min}$	$i_{ph\sim\max} = \frac{i_{o\sim\min}}{v_i}$ $i_{ph\sim\min} = \frac{i_{o\sim\max}}{v_i}$	$i_{ph\sim\max} = 119\ nA$ $i_{ph\sim\min} = -119\ nA$ $\rightarrow -119 \leq i_{ph\sim}\ /\ nA \leq 119$
22	$I_{phA} = 1\ \mu A$ $i_{ph\sim\max} = 119\ nA$ $i_{ph\sim\min} = -119\ nA$	$i_{ph\max}$ $i_{ph\min}$	$i_{ph\max} = i_{ph\sim\max} + I_{phA}$ $i_{ph\min} = i_{ph\sim\min} + I_{phA}$	$i_{ph\max} = 1{,}119\ \mu A$ $i_{ph\min} = 0{,}881\ \mu_A$ $\rightarrow 0{,}881 \leq i_{ph}\ /\mu A \leq 1{,}119$

Tab. 3.1 (Fortsetzung)

Nr.	Gegeben	Gesucht	Gleichung	Ergebnis
23	$I_{oA} = 0{,}25\ A$ $i_{o\sim\max} = 166{,}6\ mA$ $i_{o\sim\min} = -166{,}6\ mA$	$i_{o\max}$ $i_{o\min}$	$i_{omax} = i_{o\sim\max} + I_{oA}$ $i_{omin} = i_{o\sim\min} + I_{oA}$	$i_{o\max} = 416{,}6\ mA$ $i_{o\min} = 83{,}4\ mA$ $\rightarrow\ 83{,}4 \le i_o\ /\ mA \le 416{,}6$
24	$i_{o\max} = 416{,}6\ mA$ $i_{o\min} = 83{,}4\ mA$	$i_{B\max}$ $i_{B\min}$	$i_{B\max} \approx \frac{i_{o\max}}{B}$ $i_{B\min} \approx \frac{i_{o\min}}{B}$	$i_{B\max} = 416{,}6\ \mu A$ $i_{B\min} = 83{,}4\ \mu A$ $\rightarrow\ 83{,}4 \le i_B\ /\mu A \le 416{,}6$
25	$u_{2\max} = 11{,}4\ V$ $u_{2\min} = -8{,}6\ V$	$i_{2\max}$ $i_{2\min}$	$i_{2\max} = \frac{u_{2\max}}{R_2}$ $i_{2\min} = \frac{u_{2\min}}{R_2}$	$i_{2\max} = 10{,}18\ mA$ $i_{2\min} = -7{,}68\ mA$ $\rightarrow\ -7{,}68 \le i_2\ /\ mA \le 10{,}18$
26	$i_{2\max} = 10{,}18\ mA$ $i_{2\min} = -7{,}68\ mA$ $I_{3A} = 1{,}25\ mA$ $R_I = 100\ \Omega$	$i_{1\max}$ $i_{1\min}$ $P_{1\max}$	$i_{1max} = -i_{2\min} + I_{3\mathrm{A}}$ $i_{1min} = -i_{2\max} + I_{3\mathrm{A}}$ $P_{1max} = R_I \cdot i_{1\max}^2$	$i_{1\max} = 8{,}93\ mA$ $i_{1\min} = -8{,}93\ mA$ $\rightarrow\ -8{,}93 \le i_1\ /\ mA \le 8{,}93$ $\mathrm{P}_{1\max} = 8\ mW$

Tab. 3.1 (Fortsetzung)

Nr.	Gegeben	Gesucht	Gleichung	Ergebnis
27	$i_{1\,max} = 8{,}93\ mA$ $i_{1\,min} = -8{,}93\ mA$ $R_1 = 100\ \Omega \quad R_k = 7{,}5\ M\Omega$	$u_{a1\,max}$ $u_{a1\,min}$ $P_{k\,max}$	$u_{a1\,max} = R_1\ i_{1\,max}$ $u_{a1\,min} = R_1\ i_{1\,min}$ $P_{k\,max} = \frac{u_{a1\,max}^2}{R_k}$	$u_{a1\,max} = 893\ mV$ $u_{a1\,min} = -893\ mV$ $\rightarrow\ -893 \le u_{a1} / mV \le 893$ $P_{kmax} = 0{,}1\ \mu W$
28	$u_{a1\,max} = 893\ mV$ $u_{a1\,min} = -893\ mV$ $R_k = 7{,}5\ M\Omega$	*Probe:* $i_{ph\sim max}$ $i_{ph\sim min}$	$i_{ph\sim max} = \frac{u_{a1\,max}}{R_k}$ $i_{ph\sim min} = \frac{u_{a1\,min}}{R_k}$	$i_{ph\sim max} = 119\ nA$ $i_{ph\sim min} = -119\ nA$ $\rightarrow -119 \le i_{ph\sim} / nA \le 119$
29	$u_{a1\,max} = 893\ mV$ $u_{a1\,min} = -893\ mV$ $v_{o1} = 1{,}2 \cdot 10^5$	$u_{e\,max}$ $u_{e\,min}$	$u_{e\,max} = -\frac{u_{a1\,min}}{v_{o1}}$ $u_{e\,min} = -\frac{u_{a1\,max}}{v_{o1}}$	$u_{e\,max} = 7{,}44\ \mu V$ $u_{e\,min} = -7{,}44\ \mu V$ $\rightarrow\ -7{,}44 \le u_e / \mu V \le 7{,}44$

Legende zu Tab. 3.1:

α	Faraday-Winkel der Messspule
α_o	Faraday-Winkel der Kompensationsspule
α_{oA}	Faraday-Winkel der Kompensationsspule im Arbeitspunkt
i	elektrischer Strom der Messspule (Messgröße)
i_o	elektrischer Strom der Kompensationsspule (Regelgröße)
M	Windungszahl des elektrischen Leiters der Messspule
M_o	Windungszahl des elektrischen Leiters der Kompensationsspule
V	Verdet-Konstante
N	Windungszahl des LWL der Messspule
N_o	Windungszahl des LWL der Kompensationsspule
ü	Übersetzungsverhältnis
R	Radius des Spulenkörpers der LWL-Messspule
R_o	Radius des Spulenkörpers der LWL-Kompensationsspule
L	gewickelte Länge der LWL-Messspule
L_o	gewickelte Länge der LWL-Kompensationsspule
L_1	Länge des LWL der Messspule
L_2	Länge des LWL der Kompensationsspule
ΔL	nicht gewickelte Länge der Messspule
ΔL_o	nicht gewickelte Länge der Kompensationsspule
λ	Wellenlänge der anregenden Laserdiode
Δn	Doppelbrechung der LWL-Messspule
Δn_o	Doppelbrechung der LWL-Kompensationsspule
δ	Doppelbrechungsparameter der LWL-Messspule
δ_o	Doppelbrechungsparameter der LWL-Kompensationsspule
I_{oA}	elektrischer Strom der elektrischen Kompensationsspule im Arbeitspunkt
$sp(i_{max})$	Spaltfunktion beim Maximalstrom der Messspule
$sp(i_{omax})$	Spaltfunktion beim Maximalstrom der Kompensationsspule
$sp(I_{oA})$	Spaltfunktion für den Strom der Kompensationsspule im Arbeitspunkt
k	Koppelfaktoren der optischen Koppler
S_E	Photoempfindlichkeit der Photodiode
P_{xin}	optische Leistung der x-Komponente der anregenden Laserdiode
K_{ph}	Konstante
I_{phA}	Photostrom im Arbeitspunkt
U_{ph+}	Versorgungsspannung an R_{ph}
U_{ph-}	Sperrspannung an der Photodiode
R_{ph}	Arbeitswiderstand der Photodiode
R_o	Arbeitswiderstand des A-Verstärkers

U_{aA}	Ausgangsspannung im Arbeitspunkt
U_-, U_+	Versorgungsspannungen am A-Verstärker
$P_{ph\,max}$	maximale Verlustleistung an R_{ph}
$P_{o\,max}$	maximale Verlustleistung an R_o
$U_{R\,max}$	maximale Reverse-Spannung an der Photodiode
U_R	eingestellte Sperrspannung an der Photodiode
$i_{o\,max}$	maximaler Strom der Regelgröße
$i_{o\,min}$	minimaler Strom der Regelgröße
R_e	Eingangswiderstand des OPV
C_e	Eingangskapazität des OPV
C_{ph}	Sperrschichtkapazität der Photodiode
R_k	Gegenkopplungswiderstand
C_k	Gegenkopplungskapazität
f_k	3 dB-Grenzfrequenz
v_{o1}	Leerlaufverstärkung des ersten OPV
u_{a1}	Ausgangsspannung des ersten OPV
$i_{ph\sim}$	Wechselanteil des Photostromes der Photodiode
U_{a2A}	Ausgangsspannung des zweiten OPV im Arbeitspunkt
U_{2A}	Spannung über R_2 im Arbeitspunkt
R_2	Gegenkopplungswiderstand des zweiten OPV
$2\,U_{BEA}$	Basis-Emitterspannung des Darlington-Transistors im Arbeitspunkt
B	Stromverstärkung des Darlington-Transistors
U_{aA}	Ausgangsspannung im Arbeitspunkt
U_{a1A}	Ausgangsspannung des ersten OPV im Arbeitspunkt
U_{1A}	Spannung über R_1 im Arbeitspunkt
R_1	Eingangswiderstand des zweiten OPV als invertierender Verstärker
I_{1A}	Strom durch R_1 im Arbeitspunkt
U_{3-}	Versorgungsspannung an R_3
R_3	Widerstand zur Einstellung von I_{3A}
I_{3A}	Konstantstrom im Arbeitspunkt
$I_{3A\,max}$	maximaler Strom im Arbeitspunkt
I_{BA}	Basisstrom des Darlington-Transistors im Arbeitspunkt
I_{2A}	Strom durch den Widerstand R_2 im Arbeitspunkt
v_i	Stromverstärkung
$i_{o\sim max}$	Maximalwert des Wechselanteils der Regelgröße i_o
$i_{o\sim min}$	Minimalwert des Wechselanteils der Regelgröße i_o
$i_{ph\sim max}$	Maximalwert des Wechselanteils des Photostromes i_{ph}
$i_{ph\sim min}$	Minimalwert des Wechselanteils des Photostromes i_{ph}
$i_{B\,max}$	Maximalwert des Basisstromes des Darlington-Transistors

$i_{B\,min}$	Minimalwert des Basisstromes des Darlington-Transistors
$u_{2\,max}$	Maximalwert der Spannung u_2
$u_{2\,min}$	Minimalwert der Spannung u_2
$i_{2\,max}$	Maximalwert des Stromes i_2
$i_{2\,min}$	Minimalwert des Stromes i_2
$i_{1\,max}$	Maximalwert des Stromes i_1
$i_{1\,min}$	Minimalwert des Stromes i_1
P_+, P_-	Leistungen an den Einstellwiderständen
$u_{a2\,max}$	maximale Ausgangsspannung des zweiten OPV
$u_{a2\,min}$	minimale Ausgangsspannung des zweiten OPV
$u_{a\,max}$	maximale Ausgangsspannung
$u_{a\,min}$	minimale Ausgangsspannung
i_{max}	Maximalwert der Messgröße i
i_{min}	Minimalwert der Messgröße i
$i_{ph\,max}$	maximaler Photostrom
$i_{ph\,min}$	minimaler Photostrom
$u_{e\,max}$	maximale Eingangsspannung
$u_{e\,min}$	minimale Eingangsspannung
$P_{2\,max}$	maximale Leistung an R_2
$P_{3\,max}$	maximale Leistung an R_3
$P_{1\,max}$	maximale Leistung an R_1
$P_{k\,max}$	maximale Leistung an R_k

3.2 Dimensionierung mit MATLAB®

```
% Hochschule Zittau/Goerlitz (FH)
% Fachbereich Elektro-und Informationstechnik
% Studienrichtung Nachrichten-und Kommunikationstechnik
% -------------------------------------------------------------------
% dimen.m - Dimensionierung "Faseroptischer Stromsensor"
% -------------------------------------------------------------------
% Autor:              Joerg Nuckelt
% Letzte Aenderung: 14.11.2006
% -------------------------------------------------------------------
% Das Programm dimen.m fuehrt entsprechend der Dimensionierungsvorschrift
% aus dem Forschungsbericht zum Thema "Faseroptischer Stromsensor"
% eine vollstaendige Dimensionierung des faseroptischen Stromsensors
% durch. Dabei hat der Benutzer Wahl, ob die Dimensionierung mit den aus
% dem  Beispiel verwendeten Parametern oder mit eigens gewaehlten
% Parametern erfolgen soll. Die im Programm deklarierten Variablen
% entsprechen den folgenden physikalischen Groessen:
%
% alpha      Faraday-Winkel der Messspule
% alpha_0    Faraday-Winkel der Kompensationsspule
% alpha_0A   Faraday-Winkel der Kompensationsspule im Arbeitspunkt
% i          elektrischer Strom der Messspule (Messgroesse)
% i_0        elektrischer Strom der Kompensationsspule (Regelgroesse)
% M          Windungszahl des elektrischen Leiters der Messspule
% M_0        Windungszahl des elektrischen Leiters der Kompensationsspule
% V          Verdet-Konstante
% N          Windungszahl des LWL der Messspule
% N_0        Windungszahl des LWL der Kompensationsspule
% ue         Uebersetzungsverhaeltnis
% R          Radius des Spulenkoerpers der LWL-Messspule
% R_0        Radius des Spulenkoerpers der LWL-Kompensationsspule
% L          gewickelte Laenge der LWL-Messspule
% L_0        gewickelte Laenge der LWL-Kompensationsspule
% L_1        Laenge der Messspule
% L_2        Laenge der Kompensationsspule
% DELTAL     nicht gewickelte Laenge der Messspule
% DELTAL_0   nicht gewickelte Laenge der Kompensationsspule
% lambda     Wellenlaenge der anregenden Laserdiode
% DELTAn     Doppelbrechung der LWL-Messspule
% DELTAn_0   Doppelbrechung der LWL-Kompensationsspule
% delta      Doppelbrechungsparameter der LWL-Messspule
% delta_0    Doppelbrechungsparameter der LWL-Kompensationsspule
% I_0A       elektrischer Strom der Kompensationsspule im Arbeitspunkt
% sp(i_max)  Spaltfunktion beim Maximalstrom der Messspule
% sp(i_0max) Spaltfunktion beim Maximalstrom der Kompensationsspule
% sp(i_0A)   Spaltfunktion fuer den Strom in der Kompensationsspule im
%            Arbeitspunkt
% k          Koppelfaktoren der optischen Koppler
% S_E        Fotoempfindlichkeit der Fotodiode
% P_xin      optische Leistung der x-Komponente der anregenden Laserdiode
% K_ph       Konstante
% I_phA      Fotostrom im Arbeitspunkt
% U_phplus   Versorgungsspannung an R_ph
% U_phminus  Sperrspannung an der Photodiode
% R_ph       Arbeitswiderstand der Photodiode
% R_0        Arbeitswiderstand des A-Verstaerkers
% U_aA       Ausgangsspannung im Arbeitspunkt
```

```
% U_minus     Versorgungsspannung am A-Verstaerker
% U_plus      Versorgungsspannung am A-Verstaerker
% P_phmax     maximale Verlustleistung an R_ph
% P_0max      maximale Verlustleistung an R_ph
% U_Rmax      maximale Reserve-Spannung an der Fotodiode
% U_R         eingestellte Sperrspannung an der Fotodiode
% i_0max      maximaler Strom der Regelgroesse
% i_0min      minimaler Strom der Regelgroesse
% R_e         Eingangswiderstand des OPV
% C_e         Eingangskapazitaet des OPV
% C_ph        Sperrschichtkapazitaet der Fotodiode
% R_k         Gegenkopplungswiderstand
% C_k         Gegenkopplungskapazitaet
% f_k         3dB-Grenzfrequenz
% v_01        Leerlaufverstaerkung des ersten OPV
% u_a1        Ausgangsspannung des ersten OPV
% i_phw       Wechselanteil des Fotostroms der Fotodiode
% U_a2A       Ausgangsspannung des zweiten OPV im Arbeitspunkt
% U_2A        Spannung ueber R_2 im Arbeitspunkt
% R_2         Gegenkopplungswiderstand des zweiten OPV
% 2U_BEA      Basis-Emitterspannung des Darlington-Transistors im
%             Arbeitspunkt
% B           Stromverstaerkung des Darlington-Transistors
% U_aA        Ausgangsspannung im Arbeitspunkt
% U_a1A       Ausgangsspannung des ersten OPV im Arbeitspunkt
% U_1A        Spannung ueber R_1 im Arbeitspunkt
% R_1         Eingangswiderstand des zweiten OPV als invertierender
%             Verstaerker
% I_1A        Strom durch R_1 im Arbeitspunkt
% U_3minus    Versorgungsspannung an R_3
% R_3         Widerstand zur Einstellung von I_3A
% I_3A        Konstantstrom im Arbeitspunkt
% I_3Amax     maximaler Strom im Arbeitspunkt
% I_BA        Basisstrom des Darlington-Transistors im Arbeitspunkt
% I_2A        Strom durch den Widerstand R_2 im Arbeitspunkt
% v_i         Stromverstaerkung
% i_0wmax     Maximalwert des Wechselanteils der Regelgroesse i_0
% i_0wmin     Minimalwert des Wechselanteils der Regelgroesse i_0
% i_phwmax    Maximalwert des Wechselanteils des Fotostroms i_ph
% i_phwmin    Minimalwert des Wechselanteils des Fotostroms i_ph
% i_Bmax      Maximalwert des Basisstroms des Darlington-Transistors
% i_Bmin      Minimalwert des Basisstroms des Darlington-Transistors
% u_2max      Maximalwert der Spannung u_2
% u_2min      Minimalwert der Spannung u_2
% i_2max      Maximalwert des Stromes i_2
% i_2min      Maximalwert des Stromes i_2
% i_1max      Maximalwert des Stromes i_1
% i_1min      Minimalwert des Stromes i_1
% P_plus      Leistung der Einstellwiderstaende
% P_minus     Leistung der Einstellwiderstaende
% u_a2max     maximale Ausgangsspannung des zweiten OPV
% u_a2min     minimale Ausgangsspannung des zweiten OPV
% u_amax      maximale Ausgangsspannung
% u_amin      minimale Ausgangsspannung
% i_max       Maximalwert der Messgroesse i
% i_min       Minimalwert der Messgroesse i
% i_phmax     maximaler Fotostrom
% i_phmin     minimaler Fotostrom
% u_emax      maximale Eingangsspannung
```

```
% u_emin      minimale Eingangsspannung
% P_1max      maximale Leistung an R_1
% P_2max      maximale Leistung an R_2
% P_3max      maximale Leistung an R_3
% P_kmax      maximale Leistung an R_k
% ---------------------------------------------------------------------
format compact;
format short;
clc
i = 1;
disp('Bitte treffen Sie folgende Auswahl: ')
disp('(1) Dimensionierung mit vorgegebenen Parametern durchfuehren.')
disp('(2) Dimensionierung mit beliebigen Parametern durchfuehren.')
disp('Programmabbruch mit beliebiger Taste.')
auswahl1 = input('Eingabe: ', 's');

if auswahl1 == '1' % Auswertung und Anzeige der Auswahl
    disp('Dimensionierung mit vorgegebenen Parametern')
elseif auswahl1 == '2'
    disp('Dimensionierung mit beliebigen Parametern')
else
    disp('Programm abgebrochen')
    return
end

fprintf('\nZu Zeile %s: \n', num2str(i)), i = i + 1; % zu Nr. 1
fprintf('Gegeben: \n'); % Eingabe und Anzeige der gegebenen Groessen
if auswahl1 == '1'
    alpha_min    = -5;
    alpha_max    = 5;
    alpha_0min   = 0;
    alpha_0max   = 10;
    fprintf('alpha_min       = %d° \n', alpha_min);
    fprintf('alpha_max       = %d° \n', alpha_max);
    fprintf('%d° <= alpha <= %d° \n', alpha_min, alpha_max);
    fprintf('alpha_0min      = %d° \n', alpha_0min);
    fprintf('alpha_0max      = %d° \n', alpha_0max);
    fprintf('%d° <= alpha_0 <= %d° \n', alpha_0min, alpha_0max);
elseif auswahl1 == '2'
    alpha_min    = input('alpha_min [°]  = ');
    alpha_max    = input('alpha_max [°]  = ');
    fprintf('%d° <= alpha <= %d° \n', alpha_min, alpha_max);
    alpha_0min   = input('alpha_0min [°] = ');
    alpha_0max   = input('alpha_0max [°] = ');
    fprintf('%d° <= alpha_0 <= %d° \n', alpha_0min, alpha_0max);
end
fprintf('Gesucht: \n'); % Berechnung und Ausgabe der gesuchten Groesse
alpha_0A     = alpha_0max - alpha_max;
fprintf('alpha_0A        = %d ° \n', alpha_0A);
pause

fprintf('\nZu Zeile %s: \n', num2str(i)), i = i + 1; % zu Nr. 2
fprintf('Gegeben: \n'); % Eingabe und Anzeige der gegebenen Groessen
if auswahl1 == '1'
    i_min        = -500;
    i_max        = 500;
    fprintf('%d A <= i <= %d A \n', i_min, i_max);
    i_0min       = 0;
```

```
    i_0max          = 0.5;
    fprintf('%d A <= i_0 <= %.1f A \n', i_0min, i_0max);
    M               = 1;
    M_0             = 100;
    V               = 3.5*10^-4;
    fprintf('i_min              = %d A \n', i_min);
    fprintf('i_max              = %d A \n', i_max);
    fprintf('i_0min             = %.3f A \n', i_0min);
    fprintf('i_0max             = %.3f A \n', i_0max);
    fprintf('M                  = %d \n', M);
    fprintf('M_0                = %d \n', M_0);
    fprintf('V                  = %1.2d °/A \n', V);
elseif auswahl1 == '2'
    i_min           = input('i_min [A]         = ');
    i_max           = input('i_max [A]         = ');
    fprintf('%d A <= i <= %d A \n', i_min, i_max);
    i_0min          = input('i_0min [A]        = ');
    i_0max          = input('i_0max [A]        = ');
    fprintf('%d A <= i_0 <= %.1f A \n', i_0min, i_0max);
    M               = input('M                 = ');
    M_0             = input('M_0               = ');
    V               = input('V [°/A]           = ');
end
fprintf('Gesucht: \n'); % Berechnung und Ausgabe der gesuchten Groessen
N             = ceil(alpha_max / (M * V * i_max)) + mod(ceil(alpha_max /
(M * V * i_max)), 2);
N_0           = ceil(alpha_0max / (M_0 * V * i_0max)) +
mod(ceil(alpha_0max / (M_0 * V * i_0max)), 2);
ue            = (N *M / (N_0 * M_0));
fprintf('N                  = %d \n', N);
fprintf('N_0                = %d \n', N_0);
fprintf('ue                 = %1.2d \n', ue);
pause

fprintf('\nZu Zeile %s: \n', num2str(i)), i = i + 1; % zu Nr. 3
fprintf('Gegeben: \n'); % Eingabe und Anzeige der gegebenen Groessen
if auswahl1 == '1'
    R               = 0.15;
    R_0             = 0.03;
    fprintf('R                  = %.2f m \n', R);
    fprintf('R_0                = %.2f m \n', R_0);
elseif auswahl1 == '2'
    R               = input('R [m]             = ');
    R_0             = input('R_0 [m]           = ');
end
fprintf('N                  = %d \n', N);
fprintf('N_0                = %d \n', N_0);
fprintf('Gesucht: \n'); % Berechnung und Ausgabe der gesuchten Groessen
L             = 2 * pi * R * N;
L_0           = 2 * pi * R_0 * N_0;
fprintf('L                  = %.1f m \n', L);
fprintf('L_0                = %.1f m \n', L_0);
pause


fprintf('\nZu Zeile %s: \n', num2str(i)), i = i + 1; % zu Nr. 4
fprintf('Gegeben: \n'); % Eingabe und Anzeige der gegebenen Groessen
if auswahl1 == '1'
    L_1             = 112;
```

```
    L_2            = 112;
    fprintf('L_1              = %.1f m \n', L_1);
    fprintf('L_2              = %.1f m \n', L_2);
elseif auswahl1 == '2'
    L_1            = input('L_1 [m]          = ');
    L_2            = input('L_2 [m]          = ');
end
fprintf('Gesucht: \n'); % Berechnung und Ausgabe der gesuchten Groessen
DELTAL        = L_1 - L;
DELTAL_0      = L_2 - L_0;
fprintf('DELTAL           = %.1f m \n', DELTAL);
fprintf('DELTAL_0         = %.1f m \n', DELTAL_0);
pause

fprintf('\nZu Zeile %s: \n', num2str(i)), i = i + 1; % zu Nr. 5
fprintf('Gegeben: \n'); % Eingabe und Anzeige der gegebenen Groessen
if auswahl1 == '1'
    lambda         = 1550;
    DELTAn         = 10^-9;
    DELTAn_0       = 10^-9;
    fprintf('lambda           = %.0f nm \n', lambda);
    fprintf('DELTALn          = %.0d \n', DELTAn);
    fprintf('DELTALn_0        = %.0d \n', DELTAn_0);
elseif auswahl1 == '2'
    lambda         = input('lambda [nm]      = ');
    DELTAn         = input('DELTAn           = ');
    DELTAn_0       = input('DELTAn_0         = ');
end
fprintf('L_1              = %.1f m \n', L_1);
fprintf('L_2              = %.1f m \n', L_2);
fprintf('Gesucht: \n'); % Berechnung und Ausgabe der gesuchten Groessen
lambda        = lambda * 10^-9;
delta         = 2 * pi / lambda * DELTAn * L_1;
delta_0       = 2 * pi / lambda * DELTAn_0 * L_2;
fprintf('delta            = %.4f \n', delta);
fprintf('delta_0          = %.4f \n', delta_0);
pause

fprintf('\nZu Zeile %s: \n', num2str(i)), i = i + 1; % zu Nr. 6
fprintf('Gegeben: \n'); % Eingabe und Anzeige der gegebenen Groessen
fprintf('alpha_0A         = %d° \n', alpha_0A);
fprintf('N_0              = %d \n', N_0);
fprintf('M_0              = %d \n', M_0);
fprintf('V                = %1.2d °/A \n', V);
fprintf('Gesucht: \n'); % Berechnung und Ausgabe der gesuchten Groesse
I_0A          = alpha_0A / (N_0 * M_0 * V);
fprintf('I_0A             = %1.2f A \n', I_0A);
pause

fprintf('\nZu Zeile %s: \n', num2str(i)), i = i + 1; % zu Nr. 7
fprintf('Gegeben: \n'); % Eingabe und Anzeige der gegebenen Groessen
fprintf('i_max            = %d A \n', i_max);
fprintf('i_0max           = %.3f A \n', i_0max);
fprintf('I_0A             = %1.2f A \n', I_0A);
fprintf('delta            = %.4f \n', delta);
fprintf('delta_0          = %.4f \n', delta_0);
fprintf('V                = %1.2d °/A \n', V);
fprintf('N                = %d \n', N);
fprintf('N_0              = %d \n', N_0);
```

```
fprintf('M                  = %d \n', M);
fprintf('M_0                = %d \n', M_0);
fprintf('Gesucht: \n'); % Berechnung und Ausgabe der gesuchten Groessen
spalt_i_max  = sin(0.5 * sqrt(delta^2 + 4 * (V * pi / 180)^2 * N^2 * M^2
* i_max^2)) / (0.5 * sqrt(delta^2 + 4 * (V * pi / 180)^2 * N^2 * M^2 *
i_max^2));
spalt_i_0max = sin(0.5 * sqrt(delta_0^2 + 4 * (V * pi / 180)^2 * N_0^2 *
M_0^2 * i_0max^2)) / (0.5 * sqrt(delta_0^2 + 4 * (V * pi / 180)^2 * N_0^2
* M_0^2 * i_0max^2));
spalt_I_0A   = sin(0.5 * sqrt(delta_0^2 + 4 * (V * pi / 180)^2 * N_0^2 *
M_0^2 * I_0A^2)) / (0.5 * sqrt(delta_0^2 + 4 * (V * pi / 180)^2 * N_0^2 *
M_0^2 * I_0A^2));
fprintf('spalt_i_max        = %.4d \n', spalt_i_max);
fprintf('spalt_i_0max       = %.4d \n', spalt_i_0max);
fprintf('spalt_I_0A         = %.4d \n', spalt_I_0A);
pause

fprintf('\nZu Zeile %s: \n', num2str(i)), i = i + 1; % zu Nr. 8
fprintf('Gegeben: \n'); % Eingabe und Anzeige der gegebenen Groessen
if auswahl1 == '1'
    k            = 0.5;
    S_E          = 0.5;
    P_xin        = 1;
    fprintf('k                  = %.1f \n', k);
    fprintf('S_E                = %.1f A/W \n', S_E);
    fprintf('P_xin              = %d mW \n', P_xin);
elseif auswahl1 == '2'
    k            = input('k                  = ');
    S_E          = input('S_E [A/W]          = ');
    P_xin        = input('P_xin [mW]         = ');
end
fprintf('V                  = %1.2d °/A \n', V);
fprintf('N_0                = %d \n', N_0);
fprintf('M_0                = %d \n', M_0);
fprintf('Gesucht: \n'); % Berechnung und Ausgabe der gesuchten Groessen
P_xin        = P_xin * 10^-3;
K_ph         = 1 / ((1 - k)^2 * (V * pi / 180) ^2 * N_0^2 * M_0^2 * S_E *
P_xin);
fprintf('K_ph               = %1.4d A \n', K_ph);
pause

fprintf('\nZu Zeile %s: \n', num2str(i)), i = i + 1; % zu Nr. 9
fprintf('Gegeben: \n'); % Eingabe und Anzeige der gegebenen Groessen
fprintf('I_0A               = %1.2f A \n', I_0A);
fprintf('K_ph               = %1.4d A \n', K_ph);
fprintf('Gesucht: \n'); % Berechnung und Ausgabe der gesuchten Groesse
I_phA        = (I_0A^2 / K_ph);
fprintf('I_phA              = %1.0d A \n', I_phA);
pause

fprintf('\nZu Zeile %s: \n', num2str(i)), i = i + 1; % zu Nr. 10
fprintf('Gegeben: \n'); % Eingabe und Anzeige der gegebenen Groessen
if auswahl1 == '1'
    U_phplus     = 7.5;
    fprintf('U_phplus           = %1.1f V \n', U_phplus);
elseif auswahl1 == '2'
    U_phplus     = input('U_phplus [V]       = ');
end
fprintf('I_phA              = %1.0d A \n', I_phA);
```

```
fprintf('Gesucht: \n'); % Berechnung und Ausgabe der gesuchten Groessen
R_ph         = U_phplus / I_phA;
P_phmax      = R_ph * I_phA^2;
fprintf('R_ph               = %.2d Ohm \n', R_ph);
fprintf('P_phmax            = %.2d W \n', P_phmax);
pause

fprintf('\nZu Zeile %s: \n', num2str(i)), i = i + 1; % zu Nr. 11
fprintf('Gegeben: \n'); % Eingabe und Anzeige der gegebenen Groessen
if auswahl1 == '1'
    U_minus     = -15;
    U_aA        = 0;
    fprintf('U_minus            = %1.1f V \n', U_minus);
    fprintf('U_aA               = %1.1f V \n', U_aA);
elseif auswahl1 == '2'
    U_minus     = input('U_minus [V]      = ');
    U_aA        = input('U_aA [V]         = ');
end
fprintf('i_0max             = %.3f A \n', i_0max);
fprintf('Gesucht: \n'); % Berechnung und Ausgabe der gesuchten Groessen
R_0          = floor(-U_minus / I_0A);
P_0max       = R_0 * i_0max^2;
fprintf('R_0                = %d Ohm \n', R_0);
fprintf('P_0max             = %d W \n', P_0max);
pause

fprintf('\nZu Zeile %s: \n', num2str(i)), i = i + 1; % zu Nr. 12
fprintf('Gegeben: \n'); % Eingabe und Anzeige der gegebenen Groessen
if auswahl1 == '1'
    U_Rmax      = 30;
    U_phminus   = -15;
    fprintf('U_Rmax             = %1.1f V \n', U_Rmax);
    fprintf('U_phminus          = %1.1f V \n', U_phminus);
    fprintf('Gesucht: \n'); % Vorgabe und Ausgabe der gesuchten Groesse
    fprintf('U_R < U_Rmax \n');
    fprintf('Wahl: U_R = -U_phminus \n');
    U_R         = -U_phminus;
    fprintf('U_R                = %1.1f V \n', U_R);
elseif auswahl1 == '2'
    U_Rmax      = input('U_Rmax [V]       = ');
    U_phminus   = input('U_phminus [V]    = ');
    fprintf('Gesucht: \n'); % Wahl und Ausgabe der gesuchten Groesse
    fprintf('Wahl: \n');
    fprintf('U_R < U_Rmax \n');
    U_R         = input('U_R [V]          = ');
end
pause

fprintf('\nZu Zeile %s: \n', num2str(i)), i = i + 1; % zu Nr. 13
fprintf('Gegeben: \n'); % Eingabe und Anzeige der gegebenen Groessen
fprintf('U_minus            = %1.1f V \n', U_minus);
fprintf('i_0max             = %.3f A \n', i_0max);
fprintf('i_0min             = %.3f A \n', i_0min);
fprintf('R_0                = %d Ohm \n', R_0);
fprintf('Gesucht: \n'); % Berechnung und Ausgabe der gesuchten Groessen
fprintf('u_amax             < %1.1f V \n', R_0 * i_0max + U_minus);
fprintf('u_amin             > %1.1f V \n', R_0 * i_0min + U_minus);
U_plus       = R_0 * i_0max + U_minus;
fprintf('U_plus             = %1.1f V \n', U_plus);
```

```
pause

fprintf('\nZu Zeile %s: \n', num2str(i)), i = i + 1; % zu Nr. 14
fprintf('Gegeben: \n'); % Eingabe und Anzeige der gegebenen Groessen
fprintf('R_ph  =  R_e    = %.2d Ohm \n', R_ph);
R_e          = R_ph;
if auswahl1 == '1'
    R_k          = 7.5 * 10^6;
    C_ph         = 0.5 * 10^-12;
    C_e          = 4.5 * 10^-12;
    v_01         = 1.2*10^5;
    fprintf('R_k              = %.2d Ohm \n', R_k);
    fprintf('C_ph             = %0.2d F \n', C_ph);
    fprintf('C_e              = %.2d F \n', C_e);
    fprintf('v_01             = %.d \n', v_01);
elseif auswahl1 == '2'
    R_k          = input('R_k [MOhm]      = ');
    R_k          = R_k * 10^6;
    C_ph         = input('C_ph [pF]       = ');
    C_ph         = C_ph * 10^-12;
    C_e          = input('C_e [pF]        = ');
    C_e          = C_e * 10^-12;
    v_01         = input('v_01            = ');
end
fprintf('Gesucht: \n'); % Berechnung und Ausgabe der gesuchten Groessen
R_ersatz     = 1 / (1 / R_ph + 1 / R_e + 1 / R_k); % Ersatzwiderstand der
% Parallelschaltung
C_k          = (C_ph + C_e) * R_ersatz / (R_k - R_ersatz);
f_k          = 1 / (2 * pi * C_k * R_k);
fprintf('C_k              = %.2d F \n', C_k);
fprintf('f_k              = %.2d Hz \n', f_k);
pause

fprintf('\nZu Zeile %s: \n', num2str(i)), i = i + 1; % zu Nr. 15
fprintf('Gegeben: \n'); % Eingabe und Anzeige der gegebenen Groessen
if auswahl1 == '1'
    U_2A         = 1.4;
    B            = 10^3;
    U_aA         = 0;
    I_1A         = 0;
    U_3minus     = -7.5;
    u_a2max      = 12;
    fprintf('U_2A = U_a2A = 2U_BEA = %.1f V \n', U_2A);
    fprintf('I_0A             = %1.2f A \n', I_0A);
    fprintf('B                = %d \n', B);
    fprintf('U_aA = U_1A = U_a1A = %d V \n', U_aA);
    fprintf('I_1A             = %d A \n', I_1A);
    fprintf('U_3minus         = %.1f V \n', U_3minus);
    fprintf('u_a2max          = %d V \n', u_a2max);
elseif auswahl1 == '2'
    U_2A         = input('U_2A = U_a2A = 2U_BEA [V] = ');
    fprintf('I_0A             = %1.2f A \n', I_0A);
    B            = input('B               = ');
    U_aA         = input('U_aA = U_1A = U_a1A [V] = ');
    I_1A         = input('I_1A [A]        = ');
    U_3minus     = input('U_3minus [V]    = ');
    u_a2max      = input('u_a2max [V]     = ');
end
U_a2A        = U_2A;
```

```
U_BEA         = U_2A / 2;
U_1A          = U_aA;
U_a1A         = U_aA;
fprintf('Gesucht: \n'); % Berechnung und Ausgabe der gesuchten Groessen
I_BA          = I_0A / B;
I_2A          = 5 * I_BA;
R_2           = U_2A / I_2A;
i_2max        = u_a2max / R_2;
P_2max        = R_2 * i_2max^2;
I_3A          = I_2A;
R_3           = -U_3minus / I_3A;
I_3max        = -U_minus / R_3;
P_3max        = R_3 * I_3max^2;
fprintf('I_BA               = %1.2d A \n', I_BA);
fprintf('I_2A               = %1.2d A \n', I_2A);
fprintf('R_2                = %.0f Ohm \n', R_2);
fprintf('i_2max             = %.2d A \n', i_2max);
fprintf('P_2max             = %.2d W \n', P_2max);
fprintf('R_3                = %.0f Ohm \n', R_3);
fprintf('I_3max             = %1.2d A \n', I_3max);
fprintf('P_3max             = %1.2d W \n', P_3max);
pause

fprintf('\nZu Zeile %s: \n', num2str(i)), i = i + 1; % zu Nr. 16
fprintf('Gegeben: \n'); % Eingabe und Anzeige der gegebenen Groessen
fprintf('U_plus             = %1.1f V \n', U_plus);
fprintf('U_minus            = %1.1f V \n', U_minus);
fprintf('Gesucht: \n'); % Berechnung und Ausgabe der gesuchten Groessen
P_plus        = U_plus^2 / (10 * 10^3);
P_minus       = U_minus^2 / 600;
fprintf('P_plus             = %.4f W \n', P_plus);
fprintf('P_minus            = %.4f W \n', P_minus);
pause

fprintf('\nZu Zeile %s: \n', num2str(i)), i = i + 1; % zu Nr. 17
fprintf('Gegeben: \n'); % Eingabe und Anzeige der gegebenen Groessen
if auswahl1 == '1'
    u_a2min       = -12;
    fprintf('u_a2max            = %1.1f V \n', u_a2max);
    fprintf('u_a2min            = %1.1f V \n', u_a2min);
elseif auswahl1 == '2'
    fprintf('u_a2max            = %1.1f V \n', u_a2max);
    u_a2min       = input('u_a2min [V]     = ');
end
fprintf('2U_BEA = %.1f V \n', 2 * U_BEA);
fprintf('Gesucht: \n'); % Berechnung und Ausgabe der gesuchten Groessen
u_amax        = u_a2max - 2 * U_BEA;
u_amin        = u_a2min - 2 * U_BEA;
fprintf('u_amax             = %1.1f V \n', u_amax);
fprintf('u_amin             = %1.1f V \n', u_amin);
if auswahl1 == '1'
    fprintf('Festlegung der zulaessigen Bereiche fuer u_a:\n');
    u_amin        = -10;
    u_amax        = 10;
    fprintf('%.1f V <= u_a <= %.1f V \n', u_amin, u_amax);
elseif auswahl1 == '2'
    fprintf('Bitte zulaessige Bereiche fuer u_a festlegen:\n');
    u_amin        = input('u_a [V]         >= ');
    u_amax        = input('u_a [V]         <= ');
```

```
    fprintf('%.1f V <= u_a <= %.1f V \n', u_amin, u_amax);
end
pause

fprintf('\nZu Zeile %s: \n', num2str(i)), i = i + 1; % zu Nr. 18
fprintf('Gegeben: \n'); % Anzeige der gegebenen Groessen
fprintf('u_amax           = %.1f V \n', u_amax);
fprintf('u_amin           = %.1f V \n', u_amin);
fprintf('ue               = %.3d \n', ue);
fprintf('R_0              = %d Ohm \n', R_0);
fprintf('Gesucht: \n'); % Berechnung und Ausgabe der gesuchten Groessen
i_max       = u_amax / (ue * R_0);
i_min       = u_amin / (ue * R_0);
fprintf('i_max            = %.3f A \n', i_max);
fprintf('i_min            = %.3f A \n', i_min);
fprintf('%.3f A <= i <= %.3f A \n', i_min, i_max);
pause

fprintf('\nZu Zeile %s: \n', num2str(i)), i = i + 1; % zu Nr. 19
fprintf('Gegeben: \n'); % Anzeige der gegebenen Groessen
fprintf('ue               = %.3d \n', ue);
fprintf('i_max            = %.3f A \n', i_max);
fprintf('i_min            = %.3f A \n', i_min);
fprintf('Gesucht: \n'); % Berechnung und Ausgabe der gesuchten Groessen
i_0wmax     = ue * i_max;
i_0wmin     = ue * i_min;
fprintf('i_0wmax          = %.3f A \n', i_0wmax);
fprintf('i_0wmin          = %.3f A \n', i_0wmin);
fprintf('%.3f A <= i_0w <= %.3f A \n', i_0wmin, i_0wmax);
pause

fprintf('\nZu Zeile %s: \n', num2str(i)), i = i + 1; % zu Nr. 20
fprintf('Gegeben: \n'); % Eingabe und Anzeige der gegebenen Groessen
if auswahl1 == '1'
    R_1         = 100;
    fprintf('R_1              = %.3d Ohm \n', R_1);
elseif auswahl1 == '2'
    R_1         = input('R_1 [Ohm]       = ');
end
fprintf('R_2              = %.3d Ohm \n', R_2);
fprintf('R_0              = %d Ohm \n', R_0);
fprintf('R_k              = %.3d Ohm \n', R_k);
fprintf('Gesucht: \n'); % Berechnung und Ausgabe der gesuchten Groesse
v_i         = -R_2 * R_k / (R_1 * R_0);
fprintf('v_i              = %.3d \n', v_i);
pause

fprintf('\nZu Zeile %s: \n', num2str(i)), i = i + 1; % zu Nr. 21
fprintf('Gegeben: \n'); % Anzeige der gegebenen Groessen
fprintf('v_i              = %.3d \n', v_i);
fprintf('i_0wmax          = %.3d A \n', i_0wmax);
fprintf('i_0wmin          = %.3d A \n', i_0wmin);
fprintf('Gesucht: \n'); % Berechnung und Ausgabe der gesuchten Groessen
i_phwmax     = i_0wmin / v_i;
i_phwmin     = i_0wmax / v_i;
fprintf('i_phwmax         = %.3d A \n', i_phwmax);
fprintf('i_phwmin         = %.3d A \n', i_phwmin);
fprintf('%.3d A <= i_phw <= %.3d A \n', i_phwmin, i_phwmax);
pause
```

```
fprintf('\nZu Zeile %s: \n', num2str(i)), i = i + 1; % zu Nr. 22
fprintf('Gegeben: \n'); % Anzeige der gegebenen Groessen
fprintf('I_phA            = %.3d A \n', I_phA);
fprintf('i_phwmax         = %.3d A \n', i_phwmax);
fprintf('i_phwmin         = %.3d A \n', i_phwmin);
fprintf('Gesucht: \n'); % Berechnung und Ausgabe der gesuchten Groessen
i_phmax     = i_phwmax + I_phA;
i_phmin     = i_phwmin + I_phA;
fprintf('i_phmax          = %.3d A \n', i_phmax);
fprintf('i_phmin          = %.3d A \n', i_phmin);
fprintf('%.3d A <= i_ph <= %.3d A \n', i_phmin, i_phmax);
pause

fprintf('\nZu Zeile %s: \n', num2str(i)), i = i + 1; % zu Nr. 23
fprintf('Gegeben: \n'); % Anzeige der gegebenen Groessen
fprintf('I_0A             = %.3d A \n', I_0A);
fprintf('i_0wmax          = %.3d A \n', i_0wmax);
fprintf('i_0wmin          = %.3d A \n', i_0wmin);
fprintf('Gesucht: \n'); % Berechnung und Ausgabe der gesuchten Groessen
i_0max      = i_0wmax + I_0A;
i_0min      = i_0wmin + I_0A;
fprintf('i_0max           = %.3d A \n', i_0max);
fprintf('i_0min           = %.3d A \n', i_0min);
fprintf('%.3d A <= i_0 <= %.3d A \n', i_0min, i_0max);
pause

fprintf('\nZu Zeile %s: \n', num2str(i)), i = i + 1; % zu Nr. 24
fprintf('Gegeben: \n'); % Anzeige der gegebenen Groessen
fprintf('i_0max           = %.3d A \n', i_0max);
fprintf('i_0min           = %.3d A \n', i_0min);
fprintf('Gesucht: \n'); % Berechnung und Ausgabe der gesuchten Groessen
i_Bmax      = i_0max / B;
i_Bmin      = i_0min / B;
fprintf('i_Bmax           = %.3d A \n', i_Bmax);
fprintf('i_Bmin           = %.3d A \n', i_Bmin);
fprintf('%.3d A <= i_B <= %.3d A \n', i_Bmin, i_Bmax);
pause

fprintf('\nZu Zeile %s: \n', num2str(i)), i = i + 1; % zu Nr. 25
fprintf('Gegeben: \n'); % Anzeige der gegebenen Groessen
if auswahl1 == '1'
    u_2max      = 11.4;
    u_2min      = -8.6;
    fprintf('u_2max           = %.1f V \n', u_2max);
    fprintf('u_2min           = %.1f V \n', u_2min);
elseif auswahl1 == '2'
    u_2max      = input('u_2max [V]      = ');
    u_2min      = input('u_2min [V]      = ');
end
fprintf('Gesucht: \n'); % Berechnung und Ausgabe der gesuchten Groessen
i_2max      = u_2max / R_2;
i_2min      = u_2min / R_2;
fprintf('i_2max           = %.3d A \n', i_2max);
fprintf('i_2min           = %.3d A \n', i_2min);
fprintf('%.3d A <= i_2 <= %.3d A \n', i_2min, i_2max);
pause

fprintf('\nZu Zeile %s: \n', num2str(i)), i = i + 1; % zu Nr. 26
```

```
fprintf('Gegeben: \n'); % Anzeige der gegebenen Groessen
fprintf('i_2max          = %.3d A \n', i_2max);
fprintf('i_2min          = %.3d A \n', i_2min);
fprintf('i_3A        = %.3d A \n', i_3A);
fprintf('R_1             = %d Ohm \n', R_1);
fprintf('Gesucht: \n'); % Berechnung und Ausgabe der gesuchten Groessen
i_1max      = -i_2min + I_3A;
i_1min      = -i_2max + I_3A;
P_1max      = R_1 * i_1max^2;
fprintf('i_1max          = %.3d A \n', i_1max);
fprintf('i_1min          = %.3d A \n', i_1min);
fprintf('%.3d A <= i_1 <= %.3d A \n', i_1min, i_1max);
fprintf('P_1max          = %.3d W \n', P_1max);
pause

fprintf('\nZu Zeile %s: \n', num2str(i)), i = i + 1; % zu Nr. 27
fprintf('Gegeben: \n'); % Anzeige der gegebenen Groessen
fprintf('i_1max          = %.3d A \n', i_1max);
fprintf('i_1min          = %.3d A \n', i_1min);
fprintf('R_1             = %d Ohm \n', R_1);
fprintf('R_k             = %d Ohm \n', R_k);
fprintf('Gesucht: \n'); % Berechnung und Ausgabe der gesuchten Groessen
u_a1max      = R_1 * i_1max;
u_a1min      = R_1 * i_1min;
P_kmax       = u_a1max^2 / R_k;
fprintf('u_a1max         = %.3d V \n', u_a1max);
fprintf('u_a1min         = %.3d V \n', u_a1min);
fprintf('%.3d V <= u_a1 <= %.3d V \n', u_a1min, u_a1max);
fprintf('P_kmax          = %.3d W \n', P_kmax);
pause

fprintf('\nZu Zeile %s: \n', num2str(i)), i = i + 1; % zu Nr. 28
fprintf('Gegeben: \n'); % Anzeige der gegebenen Groessen
fprintf('u_a1max         = %.3d V \n', u_a1max);
fprintf('u_a1min         = %.3d V \n', u_a1min);
fprintf('R_k             = %d Ohm \n', R_k);
fprintf('Gesucht: \nProbe\n'); % Berechnung und Ausgabe der gesuchten
Groessen
i_phwmax     = u_a1max / R_k;
i_phwmin     = u_a1min / R_k;
fprintf('i_phmax        = %.3d A \n', i_phmax);
fprintf('i_phmin        = %.3d A \n', i_phmin);
fprintf('%.3d A <= i_phw <= %.3d A \n', i_phwmin, i_phwmax);
pause

fprintf('\nZu Zeile %s: \n', num2str(i)), i = i + 1; % zu Nr. 29
fprintf('Gegeben: \n'); % Anzeige der gegebenen Groessen
fprintf('u_a1max         = %.3d V \n', u_a1max);
fprintf('u_a1min         = %.3d V \n', u_a1min);
fprintf('v_01            = %d \n', v_01);
fprintf('Gesucht: \n'); % Berechnung und Ausgabe der gesuchten Groessen
u_emax      = -u_a1min / v_01;
u_emin      = -u_a1max / v_01;
fprintf('u_emax          = %.3d V \n', u_emax);
fprintf('u_emin          = %.3d V \n', u_emin);
fprintf('%.3d V <= u_e <= %.3d V \n', u_emin, u_emax);
pause
 disp('Programm Ende')
```

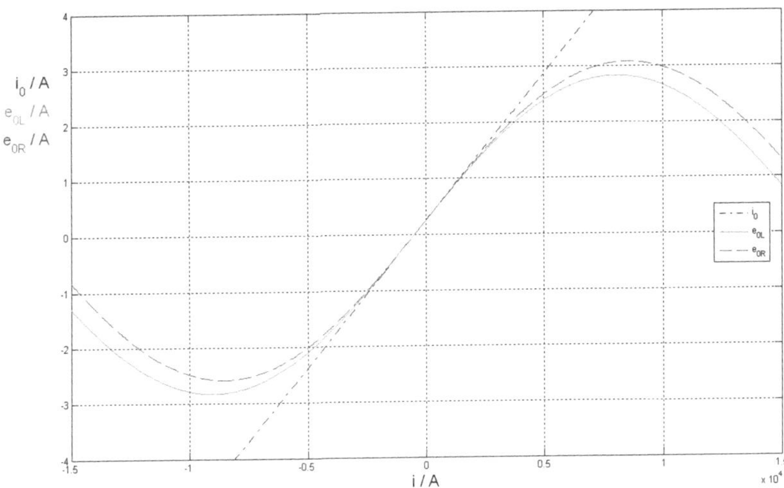

Abb. 3.3 Kennlinien des transmittierenden Faraday-Effekt-Stromsensors

Abbildung 3.3 zeigt die Kennlinien des transmittierenden Faraday-Effekt-Stromsensors.

Abbildung 3.4 beinhaltet die jeweilige zugehörige Kennlinie im Aussteuerbereich.

Dazu gilt:

$$i_o = \ddot{u}i + I_{oA}, \tag{3.8}$$

$$e_{oL} = e_{oR} \; mit \tag{3.9}$$

$$e_{oL} = \left(\ddot{u}i + I_{oA}\right)\frac{\sin\left(\frac{1}{2}\sqrt{\delta_o^2 + 4V^2N_o^2M_o^2\left(\ddot{u}i + I_{oA}\right)^2}\right)}{\frac{1}{2}\sqrt{\delta_o^2 + 4V^2N_o^2M_o^2\left(\ddot{u}o + I_{oA}\right)^2}} \tag{3.10}$$

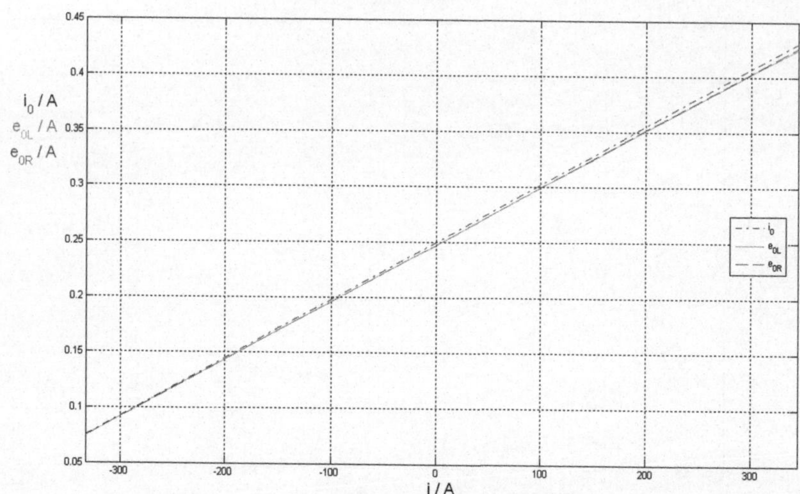

Abb. 3.4 Kennlinien im Aussteuerbereich

$$e_{oR} = \ddot{u}i \frac{sin\left(\frac{1}{2}\sqrt{\delta^2 + 4V^2 N^2 M^2 i^2}\right)}{\frac{1}{2}\sqrt{\delta^2 + 4V^2 N^2 M^2 i^2}} + I_{oA} \frac{sin\left(\frac{1}{2}\sqrt{\delta_o^2 + 4V^2 N_o^2 M_o^2 I_{oA}^2}\right)}{\frac{1}{2}\sqrt{\delta_o^2 + 4V^2 N_o^2 M_o^2 I_{oA}^2}} \tag{3.11}$$

Man erkennt, dass Gl. (3.9) gilt und die Abweichung zu Gl. (3.8) im Aussteuerbereich gemäß Abb. 3.4 verschwindend gering ist.

Zusammenfassung 4

Das vorgelegte Essential beschreibt eine erfindungsgemäße Schaltungsanordnung zur potenzialgetrennten Messung elektrischer Ströme beliebiger Zeitfunktion mit Hilfe des Faraday-Effektes zur Polarisations-Ebenen-Drehung linear polarisierten Lichtes in Lichtwellenleitern (LWL). Dabei findet das Kompensationsprinzip mit zwei LWL-Spulen zur Elimination der störenden Doppelbrechung im Zusammenwirken mit einem Regelkreis für den zur Messgröße proportionalen Messwert Verwendung.

Nach der Darstellung der prinzipiellen Funktion des Sensors mit Hilfe des Jones-Kalküls für den optischen Teil und die Anwendung der elektrischen Netzwerktheorie für den elektronischen Teil der Schaltung, erfolgt in einem weiteren Kapitel der theoretische Nachweis für die Unempfindlichkeit des Sensors gegenüber fremden Magnetfeldern. Unter Zuhilfenahme des Durchflutungsgesetzes der Elektrotechnik für die Formulierung des zugrunde liegenden Faraday-Effektes wird der Nachweis dafür erbracht.

Gegenstand dieses Essentials ist außerdem die gesamte Dimensionierung des faseroptischen Stromsensors. Im Ergebnis der Dimensionierung erfolgt die Darstellung der Kennlinien des Sensors mit Hilfe des Programms MATLAB®, das ein gutes theoretisches Ergebnis erbrachte.

R. Thiele, *Transmittierender Faraday-Effekt-Stromsensor*, essentials,
DOI 10.1007/978-3-658-09024-1_4

Was Sie aus diesem Essential mitnehmen können

- Einsichten in das Funktionsprinzip eines faseroptischen Stromsensors
- Applikationsbeispiele zum Jones-Kalkül
- Methoden zur Elimination des Einflusses fremder Magnetfelder
- MATLAB® -Routinen zur Dimensionierung elektronischer Schaltungen
- Dimensionierungsbeispiele für die Signalverarbeitungseinheit

R. Thiele, *Transmittierender Faraday-Effekt-Stromsensor,* essentials,
DOI 10.1007/978-3-658-09024-1

Weiterführende Literatur

Thiele, R.: Studienheft. Studienheft ITI 7. Private Fern-Fachhochschule Darmstadt (1997)

Thiele, R.: Systemtheoretische Grundlagen der Lichtwellenleitertechnik. Studienheft ITI 8. Private Fern-Fachhochschule Darmstadt (1998)

Thiele, R.: Optische Nachrichtensysteme und Sensornetzwerke. Ein systemtheoretischer Zugang. Vieweg Verlag, Braunschweig (2002)

Thiele, R., Benedix, W.S.: Schaltungsanordnung eines optischen Nachrichtensystems zur Übertragung der z-Komponente der elektrischen Verschiebungsflussdichte und deren Auswertung mit einem z-Komponenten-Analysator auf der Empfangsseite. Offenlegungsschrift, Deutsches Patent- und Markenamt, DE 10327881A1 (5. Jan. 2005)

Thiele, R.: Schaltungsanordnung zur Messung elektrischer Ströme in elektrischen Leitern mit Lichtwellenleitern. Deutsches Patent- und Markenamt, Nr. 102005003200 (19. Apr. 2007)

Thiele, R.: Schaltungsanordnung zur Messung elektrischer Ströme in elektrischen Leitern mit Lichtwellenleitern. Deutsches Patent- und Markenamt, Nr. 102006002301 (15. Nov. 2007)

Thiele, R.: Optische Netzwerke. Ein feldtheoretischer Zugang. Vieweg Verlag, Wiesbaden (2008)

Thiele, R., Benedix, W.S., Nette, R.: Einrichtung und Verfahren zur Übertragung von Lichtsignalen in Lichtwellenleitern. Deutsches Patent- und Markenamt, Nr. 112004002889 (29. Apr. 2010)

R. Thiele, *Transmittierender Faraday-Effekt-Stromsensor*, essentials,
DOI 10.1007/978-3-658-09024-1